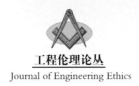

工程伦理论丛
Journal of Engineering Ethics

工程伦理引论

张恒力 著

Introduction to Engineering Ethics

中国社会科学出版社

图书在版编目(CIP)数据

工程伦理引论 / 张恒力著 . 一北京：中国社会科学出版社，
2018.3

ISBN 978 - 7 - 5203 - 2312 - 3

Ⅰ.①工…　Ⅱ.①张…　Ⅲ.①工程技术一伦理学　Ⅳ.①B82 - 057

中国版本图书馆 CIP 数据核字(2018)第 061774 号

出 版 人	赵剑英	
责任编辑	王莎莎	
责任校对	张爱华	
责任印制	张雪娇	

出　　　版	中国社会科学出版社	
社　　　址	北京鼓楼西大街甲 158 号	
邮　　　编	100720	
网　　　址	http：// www. csspw. cn	
发 行 部	010 - 84083685	
门 市 部	010 - 84029450	
经　　　销	新华书店及其他书店	

印　　　刷	北京君升印刷有限公司	
装　　　订	廊坊市广阳区广增装订厂	
版　　　次	2018 年 3 月第 1 版	
印　　　次	2018 年 3 月第 1 次印刷	

开　　　本	710 × 1000　1/16	
印　　　张	14	
插　　　页	2	
字　　　数	230 千字	
定　　　价	78.00 元	

总　序

随着现代科技的发展，人类进入了一个新的时代，即工程时代。在这一时代中，工程已成为人的存在方式，成为社会发展的重要基础。[①]无论是大型的物质建设性工程项目，还是非物质的社会型工程项目，都在主导并影响着自然、社会和人类的存在和发展。然而，不可否认的是，这些集中、汇聚先进科学和高端技术的大型工程项目正在以高速、大型、系统、复杂等的特征改变或影响着人类的生存与发展，甚至危及人类的未来。五十年前卡逊夫人的《寂静的春天》的发表，促使人类开始关注大型工程技术的作用，反思先进技术的功效，质疑工程技术人员的职责，全面认识和理解工程技术的作用。

为进一步反思工程技术，回应对工程师的质疑，提高工程技术人员职业素养和道德责任，20 世纪 70 年代工程伦理学在美国应运而生。工程伦理学经过 40 余年的发展，已成为工程技术人员提高职业素养和道德责任水平的重要方式。1985 年，工程与技术认证委员会（Accreditation Board for Engineering and Technology，ABET）要求美国的工程院校，作为接受认证的一个条件，必须培养学生对"工程职业和实践的伦理特征的认识"。2000 年，工程技术认证委员会提出了更为具体的方针，目前工程院校正在按照这些方针来实施。当前，美国的几乎每所得到认证的工程学院都以这种或那种方式，开展工程伦理学的学习。[②]美国国家工程职业协会（National Society of Professional Engineers，NSPE）规定："工程师必须把

---

① 李伯聪：《工程哲学引论》，大象出版社 2002 年版，第 7—12 页。

② ［美］迈克·W. 马丁：《美国的工程伦理学》，张恒力译，胡新和校，《自然辩证法通讯》2007 年第 3 期。

保护公众的安全、健康和福祉的责任放到至高无上的地位。"各种工程师职业协会也制定了协会工程伦理规范制度，有力地保障了工程师工程职业行为的"合法性"和"合德性"。而美国国家科学院、工程院制定的《2020 年的工程师：新世纪工程学发展的远景》提出把"培养有道德的工程师"作为四个核心目标之一。① 德国、法国、荷兰、日本、中国台湾等国家和地区的理工类大学也都基本开设了工程伦理课程，推进工程教育改革，促进工程教育的国际化、标准化建设。

当前中国是一个工业化进程中的国家，大型的工程项目为我国科技高速发展、经济迅速腾飞做出了重要贡献，已成为工业发展的重要路径和方式，密切而深远地改变着国人的生产、生活方式。没有"西气东输工程""高速铁路工程""南水北调工程""长江三峡工程""神九航天工程"等，我国的经济发展和人们生活简直无法想象，但毋庸置疑的是，我们还存在着"楼倒倒""桥脆脆""假冒伪劣"等诸多工程技术问题，造成了很大程度的生态环境破坏、资源能源短缺等问题，严重地影响并危及了人们的生命、安全和幸福。追问、反思和探究这些问题的理由理应成为哲学理论工作者和工程技术人员应尽的义务和责任。

"当下的中国"呼唤着工程伦理学研究和教育的发展、壮大。但是，提高工程技术人员的职业素养和道德责任绝不意味着"拿伦理的鞋框工程技术的脚"，工程伦理在中国只能是帮助或促进工程技术人员提高工程素养，而不是限制和压制工程技术人员的技术水平的发挥或工程技术活动的扩大或增多。如果存在这种想法一定是认识的误区。

在中国呼唤工程伦理学的发展和壮大，急需深入而有成效的研究成果，推动和推进工程伦理研究的深入发展，是深入理解工程影响的需要，是提高工程技术人员职业素养和责任的需要。

2010 年 6 月，教育部启动"卓越工程师教育培养计划"②，全国 60 多所理工类院校进行试点并推广，有力地提高了工程类学生的工程技术素养。在推进、提高职业技术素养的同时，也在呼唤并推进提高工程类专业

---

① The Engineer of 2020：*Visions of Engineering in the New Century*，Washington D. C.：National Academies Press，2004.

② http：//www. gov. cn/gzdt/2010—06/23/content_ 1635114. htm.

学生的工程伦理素养，"卓越工程师"不仅要"技术卓越"，而且更要"道德卓越"。制造出更多更好的工程技术产品，减少其对人类产生的负面危害应该成为每一个工程师基本的道德责任和义务。

"卓越计划"明确提出我国工程教育改革发展的战略重点，其中之一就是"更加重视学生综合素质和社会责任感的培养"。而提高工程类学生的社会责任感的重要路径之一就是要推进工程教育改革，加大或提高工程类专业课程中的职业素养教育。工程伦理课程和工程伦理教育无疑是必然的选择。

目前，我国开设工科专业的本科高校占总数的 90% 以上，工科类本科在校生达到 452 万多人，工科类研究生近 50 万人。[①] 但是，开设工程伦理课程并全面提高工程素养核心课程的高校少之又少，工程伦理核心课程、工程素养课程也仅仅在清华大学、浙江大学、大连理工大学、北京工业大学、西南交通大学、武汉理工大学、昆明理工大学等少部分高校开设，规模和效果并不十分明显和理想。工程伦理教育和研究急需扩大研究成果，以推进工程伦理教育和研究。

为推进工程伦理研究进展，配合教育部"卓越工程师教育培养计划"工作，需要全面推动工程伦理研究和教学工作。北京工业大学作为教育部"卓越工程师教育培养计划"第一批试点单位，一直积极探索高等工程教育改革，推进工程教育的应用化、创新化、国际化发展。在推进工程教育教学改革过程中，以全面提升工程职业道德素养为核心的工程伦理方面的研究和探索成为我校工程教育改革的重点内容和特色方向之一，研究并积累了一定的研究成果和教育经验，有力地配合了学校工程教育改革和"卓越工程师培养计划"的试点工作。

为进一步推动工程教育改革，提高工程类学生职业素养和社会责任感，巩固工程教育改革成果，探究工程教育问题。我们以工程伦理教育和研究为核心点，编写了一系列工程伦理研究成果，以推进工程伦理研究和教育进展。

我们这套工程伦理论丛以"还原事实、探究理论、追问价值和提升

---

① http://www.moe.gov.cn/publicfiles/business/htmlfiles/moe/s7567/index.html.

德性"四个方面为目标导向,深入研究和探讨工程伦理问题,推进工程教育改革。当然,由于研究水平和能力有限,不可避免地存在许多缺陷和问题,恳请学界、工程界的专家提出更多的批评意见和建议。

希望这套论丛能够为培养更多的"卓越工程师"、建造更多的"美丽工程"、打造"天更蓝、水更绿的美丽中国"做出贡献。

目　录

第一章 从道德觉醒到责任旨向
——工程伦理理论选择与进路

第一节 工程伦理学的路径选择*

工程伦理学是关于工程师的职业伦理学。[①] 在美国,它自 20 世纪 70 年代伴随着经济伦理学而形成,经过几十年的研究与发展,已经成为比较成熟和规范的学科。作为一种实践性较强的理论学科,工程伦理学对于指导和规范工程师的行为活动,消除技术的消极后果,都起到重要的作用。在我国,工程伦理学还处于起步阶段,我们有必要以我国的工程实践为基础,借鉴美国工程伦理学的相关研究,来促进我国工程伦理学的发展。

一 工程的境域性与社会实验

工程作为一种建造性的活动[②],本质是主体在一定境域下进行的实践活动。工程活动有许多重要特性,如集成性、复杂性、系统性、境域性等,其中境域性和工程主体多元性是其中的核心要素。充分认识这两种要素,有助于理解工程问题的产生,也有助于分析和解决工程中的伦理问题。

1. 工程的境域性

境域(context)是语言学的重要概念,一般翻译为"语境、境域、与境、史境"等,基本意思均指某一事物的意义存在于与其周围事物的

---

* 本文原载《自然辩证的研究》2007 年第 9 期。

① Charles B. Fleddermann, *Engineering Ethics*, Upper Saddle River: Prentice – Hall, 1999, p. 2.

② 李伯聪:《工程哲学引论——我造物故我在》,大象出版社 2002 年版。

关联。目前，这一术语的意义已经从语言领域扩展到其他领域，而工程"境域"则有着更为复杂的含义。李伯聪教授将其理解为"形势""时机"；美国洛杉矶洛约拉·玛丽芒特大学（Loyola Marymount University）的菲利普·赫梅林斯基（Philip Chmielewski）教授把它理解为一种文化的反映，如北达科他州（North Dakota）的四柱桥（Four Bears Bridge）设计就反映了当地土著部落文化和价值观。邓波教授则认为："工程发生的特定地区的地理位置、地形地貌、气候环境、自然资源等特殊的自然因素，以及该地区的经济结构、产业结构、基础设施、政治生态、社会组织结构、文化习俗、宗教关系等社会因素，都构成了工程活动的内在要素和内生变量。"[①] 即都反映了工程的"境域"特点。综合来看，工程的境域内涵，不仅包括时间、地点等自然要素，也包括文化、政治等社会因素，并且是这些要素彼此互动的生成过程。而工程所处的这种境域性特点，也造成了每个工程所特有的问题，所以研究工程问题或工程伦理问题，就必须关注工程的境域特征。

2. 工程作为社会实验

工程从广义上看就是劳动，是劳动的现代表现形式。[②] 正是由于类似于工程这样的劳动，使人类从类人猿中分离出来，而进化成为现代意义上的人；也正是这样的工程劳动，继续推动着人类文明的进步，并构成对于笛卡儿"我思故我在"命题的超越，成为人类"我造物故我在"的存在方式。[③] 这样，在某种意义上说，任何有劳动能力的人类都是工程活动的主体。美国著名工程伦理学家马丁（Mike W. Martin）通过与标准实验的基本特征进行分析和比较，认为工程应该被视为一种实验的工程，当然，它不是一个完全在一定控制条件下的实验室操作，而是涉及人类主体在社会范围内的一个实验，[④] 而这样的实验，无疑，其活动主体的范围是非常广泛的。

---

① 邓波：《朝向工程事实本身——再论工程的划界、本质与特征》，《第十一届技术哲学学术年会论文集》2006 年 7 月。

② 李伯聪：《工程哲学引论——我造物故我在》，大象出版社 2002 年版。

③ 张恒力：《艺术化的劳动让人类诗意地生活》，《美术工程》2007 年第 5 期，第 10 页。

④ Mike W. Martin, Roland Schinzinger, *Ethics in Engineering*, Boston：McGraw‐Hill, 2005, p. 89.

工程是一种集体的，乃至于全社会的活动过程。其中不仅有科学家和工程师的分工和协作，还有从投资方、决策者、工人、管理者、验收鉴定专家直到使用者等各个层次的参与。[①] 工程实践中要关注的是利益问题，而利益问题的解决总是需要牵涉不同的利益共同体，要拉开"无知之幕"让"知识"和"利益相关者"出场。[②] 由于工程是一个涉及多元主体的活动过程，通过工程活动理应让这些"利益相关者"——工程共同体[③]（如图1—1所示）走上场来，成为被关注的对象，并承担起它们应负的责任。

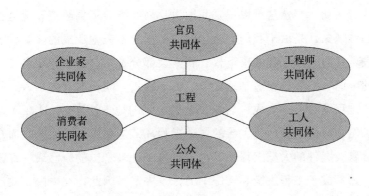

图　1—1

而工程伦理学的发展是以关注工程实践为基础，来反思工程中出现的伦理问题。因此，在关注工程的境域性和多元主体的特点基础上，着眼于我国工程的境域特征和多元工程共同体，工程伦理学的发展依然面临着严峻的形势。

二　工程伦理学面临的难题与困境

目前工程伦理学的发展存在许多方面的困难，比较突出的是外在性境域缺失和内在性多元主体责任模糊。这两方面的困难影响了我国工程伦理

①　朱葆伟：《工程活动的伦理责任》，《伦理学研究》2006年第6期，第40—41页。

②　李伯聪：《工程伦理学的若干理论问题——兼论为"实践伦理学"正名》，《哲学研究》2006年第4期，第98页。

③　工程共同体，工程活动中不同的利益主体，依据职业特征的不同与分类，结合而成的群体。它没有科学共同体意义上的精神气质与发展范式，而只是与工程有利益关系的成员所组成。大致分为，工程师共同体、官员共同体、企业家共同体、工人共同体、消费者共同体、公众共同体。

学的发展，不利于我国出现的大量工程问题的反思和解决。

1. 工程伦理学的外在性境域缺失

（1）政府主导性的权力强势

著名经济学家吴敬琏认为，中国改革的核心问题是政府改革，规范政府权力和监督政府行为。需要进一步限定政府的权力范围，制定规范、健全的制度法规，并总结认为在一定程度上，制度重于技术。[①] 如果政府权力太大，操心的事情太多，该管的管不了，不该管的管得多，就会造成政府功能错位，权力强化，影响到其他权利主体（包括企业、公民）的正常运营和活动。当然这可以说是我国由计划经济向市场经济转变进程中出现的必然现象，是由于我们的市场经济体制尚不完善造成的。对于工程活动而言，目前大型工程的决策权，相当大部分是由政府主导和参与的，如近期的中国大型客机制造基地之争，由于四川、陕西两省的加入，使得这样一个工程项目已演变成一场涉及千亿美元的地方博弈。[②] 这在一定范围内，必然会对由工程师为主导的各个工程环节造成干扰和影响。而众多出现官员腐败案件的大型工程中，也正是由于许多官员的一己或一部分人的私利，才造成了工程决策和实施中的错误决定。因此，在中国，政治情境和利益形成了工程的外在性境域的畸形。

（2）不规范市场中的企业强制

我国市场经济发展较晚，时间较短，而且正处于从计划经济到市场经济的过渡期，所以市场经济的体制尚不规范。这种不规范的直接表现就是企业活动不规范。虽然企业组织形式多样化，包括国有大型企业、股份制企业以及民营企业，但在企业中管理者有着相当大的决策权。甚至工程师职责范围内的有关设计、操作等，都需要管理者最后的拍板。特别是在激烈的市场竞争中，许多企业不顾职业准则，采取了一些不符合市场规范的竞争手段。例如，在企业的工程活动方面，其中一个重要内容就是企业主对工程设计、参加竞标、技术要求等在企业内部有相当的决定权，致使工程师忽视或降低对一些产品和设计的技术要求。这也是今天工程师所面临的利益冲突情境：应忠诚于雇主，还是对公众负责。

---

① 吴敬琏：《制度重于技术》，中国发展出版社 2002 年版，第 19 页。

② http：//finance.jrj.com.cn/news/2007 - 03 - 08/000002044286.html.

（3）职业竞争的不完善

政府权力的强势，市场机制的不规范，造成了行业中的竞争不充分和企业内部竞争的不完全，延缓了职业化的进程。职业化水平低，是市场经济体制不完善的直接反映，并表现为不健全的职业规范，较低的职业技能和道德。相比较而言，职业化相对发达的西方国家，对于大部分职业，如工程师、医生、律师等，都有较为健全的从业标准和职业规范，并形成了大量的行业团体和职业协会。这是由职业之间的竞争自发产生的，也为职业的充分发展和良性竞争创造了很好的条件。而作为产品设计者和制造者的工程师，其职业水平、职业素养的高低，职业道德的形成与否，都会使整个社会对工程师的认同产生相当的影响。而在我国，许多工程师的职业化标准，职业意识和职业规范还有待规范，职业素养和水平也有待提高。我国不仅需要大批具有高水平专业素质和技能的工程师和专业技术人员，更需要建立和完善他们的职业规范和道德水准，以此来约束职业的竞争和发展。

（4）社会道德滑坡的大环境

工程师的道德水准与社会整体环境不可分。我国公民目前的基本道德素养并不令人乐观。由于社会转型，原有的价值体系和伦理规范被打破，而新的规范和体系尚未形成。同时开放的时代和激烈竞争的国际大环境，又必然让我们要面对西方文化的冲击，社会主体也面临着多重选择。作为社会主体的一部分，工程师的行为和思想也必然受到时代和文化的影响，同样会出现职责上的动摇和规范上的滑坡。虽然在一定程度上可以说，工程师的职业道德和规范行为会影响着社会，但是大环境的影响也无可避免地会造成工程师的责任和规范意识的缺失。

因此，在现阶段，由于我国工程的境域性缺失或畸形，由于我国工程活动与市场机制的不协调，也由于我国职业化进程的不成熟和社会整体环境的影响，我国的工程伦理学既有极大的社会需求，又面临着许多现实的难题和困境，亟待加强和发展，以适应整个社会的现代化推进，逐步地提升工程师的职业素养，强化工程师的道德规范。

2. 工程伦理学的内在性主体多元

（1）道德责任由个体走向集体，造成责任的泛化和模糊

现代科技的发展模式，已经完全改变了过去的那种个人研究单兵作战

的形式（如哥白尼、牛顿、瓦特、法拉第和居里夫人等的研究），而由科技共同体来进行合作研究（1871 年英国剑桥大学建立的卡文迪许实验室可以认为是科学技术研究以共同体模式进行的开端。另一个例子是贝尔在美国的波士顿创建了研究所，后来发展成为著名的贝尔实验室）。科技活动方式的转变，个体研究转变为集体合作，一方面促进了科技的突飞猛进，带来科技的大发展，给人类创造了更多的物质财富；但另一方面也产生了许多负面影响，如生态、环境等问题。造成这些问题的责任应当由谁来承担呢？科技共同体的研究模式在发挥集体力量，集中集体的智慧和才干从事研究项目的集体攻关的同时，个体角色在从事科技发明的时候也受到了诸多的限制，个体自由受到了一定的约束，同时个体也无法承担技术干预社会所需承担的责任，这就使得接替个体以承担责任的集体责任（collective responsibility）应运而生。①

　　比之于现代科技的发展模式，现代工程的活动方式更是有过之而无不及。大型工程活动是长期集体合作的结果。工程师的集体思维是典型地受到这种集体活动方式影响的思维。工程师工作情境的一个显著特征是：个人需要集体的工作和协商。这意味着，一位工程师经常需要参与团体的决策，而不是作为一个个体来进行决策。② 虽然这种决策方式有益于更好地决策，但是却产生了一种团体思维（group think）的倾向——团体以牺牲批判性思维为代价来达到一致的倾向。这种团体思维存在几种症状，不利于个体责任的承担，如一种对团体固有道德幻想的假定，因而妨碍了对团体所作所为的道德意义做仔细的考察；对于那些表现出不同意见迹象的人直接施加压力，通过诉诸技术领导人来实施并维护团体的统一；通过防止不同观点的传入，从而使团体免受他们的侵入。③ 尽管这些做法造成了责任集体化、模糊化的趋势，但实质上，最终的责任还是要落实到个体头上，正如哈耶克所说，"欲使责任有效，责任还必须是个人的责任（individual responsibility）。在自由的社会中，不存在任何由一群体的成员共同

---

　　① 杜宝贵：《技术责任主体的缺失与重构》，东北大学出版社 2005 年版，第 114 页。

　　② Charles E. Harris, Jr. Michael S. Pritchard, Michael J. Rabins, *Engineering Ethics*: *Concepts and Cases*, CA: Thomson/Wadsworth, 2005, p. 42.

　　③ Irving Janis（ed.）, *Group Think*, 2nd, Boston: Houghton Mifflin, 1982, pp. 174 – 175.

承担的责任，除非他们通过商议而决定他们各自或分别承担责任"①。所以，这需要持续地分析个体的责任与自由。而与此同时，工程共同体之间的关系也越来越复杂。

（2）工程共同体关系多元，造成责任的多样化和复杂化

在工程的决策、建造、维护和使用阶段，工程共同体的责任是什么？邦格提出过这样的技术律令："你应该只设计和帮助完成不会危害公众幸福的工程，应该警告公众反对任何不能满足这些条件的工程"。这一律令似乎也适合于工程技术管理者（企业家）和政治决策者（政府官员），只需将其中的"设计"变通为"执行"和"批准"。公众在这里也负有责任，如他们对科技的可能结果是否关注、对危险的科技活动是否形成了足够的压力，以及以消费者及用户的身份对科技产品形成什么消费指向。② 工程活动中的各种共同体对工程活动都负有责任，这些责任也交织在一起（Intertwined responsibilities），使得责任更加复杂。

那么各个工程共同体的具体责任是什么呢？在工程的决策阶段，政府官员共同体负责批准大型工程的立项和建设，应该考虑到工程的经济、社会、卫生、环境等方面的长期影响，对此决策负有责任；而工程师共同体对此立项中的技术设计要求，以及可能产生的负面后果，应该有科学的预见和估计，对此设计负有责任；而企业家共同体在竞标过程中，使用工程师的设计标准和雇用工程师进行设计时，不仅仅考虑经济利益和利润，对可能造成的环境、安全方面的问题也负有责任。在工程的建造阶段，还需要关注工人共同体的责任状况；在工程的维护与使用阶段，消费者共同体与公众共同体对产品和工程也负有一定的监督和举报责任等，所以，在工程活动的各个阶段，涉及多元工程共同体的利益和责任，他们对工程及影响都负有一定的责任。但是具体而言，他们各自的责任范围、标准是什么？（如图1—2所示，各个工程共同体的关系非常密切，责任范围不容易界定。）这些都需要结合工程的境域特点加以研究。无疑，工程师在此

① ［英］F. A. 哈耶克：《自由秩序原理》，http://xiexiang. com/mpa/mingzhuxiazai/in-dex. htm，2000 - 10 - 01。

② 肖峰：《略论科技元伦理学》，《科学技术与辩证法》2006 年第 5 期。

扮演着核心的角色：工程师必须深刻反思自己所面临的道德困境，明确自己的社会责任；管理者也应当明确工程师的权利并增强他们的责任意识；公众也需要理解工程师的责任范围，督促他们强化意识，履行职责。①

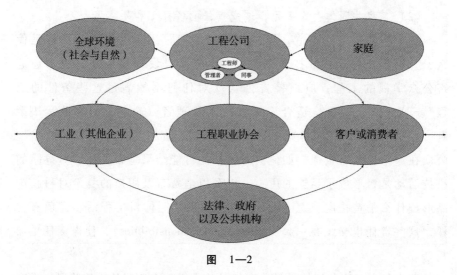

图   1—2

（图片来源：Roland Schinzinger Mike W. Martin，*Introduction to Engineering Ethics*，McGraw – Hill Higher Education，2000，p. 8）

三　可行的路径和选择

我国工程的境域性特点和多元工程共同体的状况，造成了工程伦理学的外部性境域缺失和内部性多元主体关系复杂，使我国工程伦理学的发展面临一种两难困境：如果单纯地发展工程师伦理学，显然不符合我国工程的境域性特征和工程伦理学的实际要求；但如果更多地突出这种伦理学中其他工程共同体的价值内涵，则在一定程度上背离了工程伦理学的本意，导致与国际工程伦理学接轨的困难，也会使问题复杂化、多元化。

因此，发展我国工程伦理学，必须面向工程事实本身，结合我国工程境域性的特点，把握多元工程共同体的实际困境，致力于有针对性地提出解决伦理困境的方法和策略。所以，我国的工程伦理学的建构，既不是单纯的工程师伦理学，也不是简单的职业伦理学。具体来说，是以工程共同

---

① Roland Schinzinger Mike W. Martin，*Introduction to Engineering Ethics*，McGraw – Hill Higher Education，2000，Preface ix.

体为主体，以工程共同体在工程活动过程（立项、建造、维护）中的利益和价值冲突为主线，以"责任、公正、有利"等核心伦理概念为基础，形成一套既合乎工程规范，又有助于提高工程共同体道德水准的伦理体系。它既区别于西方学者的以职业伦理为标准，也并非以单一的主体——工程师的伦理为内容。它既会涉及行政伦理（政府官员共同体）、商业伦理、企业伦理（企业家共同体）、工程师伦理（工程师共同体）、社会公德（公众共同体）等，又会涉及决策伦理、管理伦理、制度伦理等；还会涉及功利主义、道义论、美德伦理等伦理学说，因此，工程伦理学是复杂的、系统的、实践的伦理学。从某种意义上说，它是现代伦理学发展的一种新途径和新方向。正是在复杂的工程活动中，许多的伦理问题得以形成和呈现，而通过这些伦理问题的发现、辨别和解决，将有助于提高我国工程师和其他工程共同体成员的道德素养，促进我国工程活动的良性发展。

第二节　中国工程伦理学发展历程[*]

　　与美国工程伦理学发展同期德国工程伦理学在技术伦理、技术评估的框架内进行研究，重点探讨伦理责任和技术评估，德国工程师协会（VDI）制定了工程师活动的基本原则；[①] 日本建立了较成熟的工程伦理教育体系；中国台湾地区也成立了中华工程教育协会，并制定了比较完善的伦理章程和规范。相比较而言，中国大陆的工程伦理研究相对滞后，研究发展缓慢，中国工程伦理学还处于起飞阶段。[②] 近些年来，大陆学者也积极进行了探索和研究，取得了一定成果，达成了一些共识。总结中国工程伦理学的发展概况，梳理其发展线索，概括其研究内容，指出其存在问题并提出建议，有利于中国工程伦理学的深入研究，并促进中国工程建设的良性发展。

---

　　[*] 本文原载刘则渊、王续琨、王前主编《中国技术哲学研究年卷：工程·技术·哲学（2006—2007 年卷）》，大连理工大学出版社 2008 年版。

　　[①] 朱葆伟：《工程活动的伦理问题》，《哲学动态》2006 年第 9 期，第 37—45 页。

　　[②] 李伯聪：《工程伦理学的若干理论问题——兼论为"实践伦理学"正名》，《哲学研究》2006 年第 4 期。

一　中国工程伦理研究发展的三个阶段

如果说美国工程伦理学的产生与发展是回应技术的批判和质疑，并解答对工程师作用的怀疑，那么中国工程伦理学则产生于对技术的哲学反思和引进西方的技术批判理论。中国学者经过近二十余年的引进、反思、吸收和创新，对工程伦理学的一些基本问题已经达成共识，并进行了有益的探索。

总体上说，中国工程伦理学的发展历程和研究内容从纵向发展来看，包括三大阶段（如表1—1所示）。

第一阶段，启蒙认识阶段（1989—1999年），开始反思技术发展带来的问题。以1989年黄麟雏、陈爱娟教授的《技术伦理学——理论与实践》[①]和曹南燕教授的《技术终将失控？——"深蓝"获胜引起的思考》[②]为标志，说明中国学者开始从伦理视域探究工程技术问题。这一时期，主要对包括军事技术、生态技术、医疗技术、工程技术发展带来的问题进行伦理反思。在工程技术伦理方面，认为工程技术伦理属于职业伦理范畴，对工程目的的道德评价、技术保密的道德界限和工程职业荣誉等进行了探讨，并提出了工程师在工程设计和制造中应该坚持六项基本准则。[③]但对工程伦理学研究的一些基本伦理理论问题（功利主义、道义论、美德伦理等）和核心问题（忠诚、诚实、安全等）缺乏深入的探讨。

第二阶段，探索前进阶段（1999—2005年），开始探究和引入介绍工程伦理学。以1999年肖平教授主持国家社会科学基金项目并主编《工程伦理学》[④]和2003年李世新博士的博士论文《工程伦理学及其若干主要问题的研究》[⑤]为标志，说明中国学者开始积极地探索和介绍工程伦理学的基本研究内容。这一时期，对工程伦理学研究的一些基本概念、基本理论、基本原则进行初步探讨。特别是对工程伦理问题（工程活动的利益冲突和价值选择——诚实与忠诚、工程实施中的道德约束——责任问题等）

①　黄麟雏、陈爱娟：《技术伦理学——理论与实践》，西安交通大学出版社1987年版。

②　曹南燕：《技术终将失控？——"深蓝"获胜引起的思考》，《哲学研究》1998年第2期。

③　黄麟雏、陈爱娟：《技术伦理学——理论与实践》，西安交通大学出版社1987年版。

④　肖平：《工程伦理学》，中国铁道出版社1999年版。

⑤　李世新：《工程伦理学及其若干主要问题的研究》，中国社会科学研究院2003年。

表 1—1 工程伦理研究三阶段示意图

研究内容 / 研究阶段	代表性人物	代表性论著	代表性论文	研究特点
第一阶段 启蒙认识 (1989—1999 年)	黄麟雏、曹南燕等	《技术伦理学——理论与实践》	黄麟雏：《技术伦理学研究十题》; 曹南燕：《技术终将失控？——"深蓝"获胜引起的思考》	从伦理视域反思技术发展带来的问题
第二阶段 探索前进 (1999—2005 年)	肖平、李世新、余谋昌等	专著：《工程伦理学》 译著：《工程、伦理与环境》	李世新：博士论文《工程伦理学及其若干主要问题的研究》; 肖平：《工程中的利益冲突与道德选择》	工程伦理的引入与介绍; 工程过程中的伦理问题
第三阶段 大力发展 (2005 年至今)	李伯聪、朱葆伟、丛杭青、唐丽、陈刚、张恒力等	译著：《工程伦理——概念与案例》 专著：《美国工程伦理研究》	李伯聪：关于《工程伦理学》三论; 朱葆伟：《工程活动伦理问题》; 丛杭青：《工程伦理学的现状和展望》; 张恒力：《工程伦理学的路径选择》	全面引入介绍美、德、日、俄等国工程伦理研究概况; 工程伦理学的学科定位、研究主题与方法; 工程伦理制度化发展

进行了研究，并提出了工程伦理的首要原则为人道主义，但对于工程伦理的制度发展，工程伦理研究方法等缺乏研究。

第三阶段，大力发展阶段（2005 年至今），逐步地深入研究工程伦理学的学科定位、研究主题、制度建设。以 2006 年丛杭青教授等翻译的《工程伦理——概念与案例》① 和 2007 年唐丽的博士论文《美国工程伦理研究》② 出版为标志，说明我国学者已经充分认识到工程伦理学的重要性，翻译并引进许多国外学者的经典专著和论文，并积极探讨工程伦理学的观点与案例，开始与国际工程伦理研究接轨。这一时期，工程伦理研究活动进入了繁荣期。许多学术杂志（《自然辩证法研究》《伦理学研究》《华中科技大学学报》《高等工程教育研究》等）刊载了专题研究论文；许多高校（浙江大学、华中科技大学、清华大学、西南交通大学等）开展工程伦理研究和工程伦理课程；2007 年 3 月第一届国际工程伦理学学术会议召开，引起了更多学者对工程伦理学的关注；出现了更多的工程伦理专著和论文（如李伯聪教授的三论《工程伦理学》，朱葆伟教授的《工程伦理学的问题与责任》，丛杭青教授的《工程伦理学的现状与展望》等）。但也存在许多问题，如理论研究较多，而案例研究较少；学者研究较多，而工程师和管理者参与的研究较少；宏观问题研究较多，具体问题研究较少等，这都需要持续发展工程伦理研究和国内相关团体加强合作。

二　中国工程伦理研究内容的六大主题

关于工程伦理学的基本概念研究，主要包括两种争论：一是工程伦理学是否等同于工程师伦理。余谋昌认为，工程伦理学，即工程师伦理学，是工程技术人员（技术员、助理工程师、工程师、高级工程师）在工程技术中伦理道德问题的研究。③ 张恒力在总结美国工程伦理学产生的境域与目标基础上，认为工程伦理学回应对工程师作用的怀疑，因此工程伦理

---

① ［美］查尔斯·E. 哈里斯、迈克尔·S. 普里查德等：《工程伦理——概念和案例》，丛杭青、沈琪等译，北京理工大学出版社 2006 年版。

② 唐丽：《美国工程伦理研究》，东北大学出版社 2007 年版，第 19 页。

③ 余谋昌：《高科技挑战道德》，天津科学技术出版社 2000 年版，第 136 页。

学可以称为工程师伦理学。① 李伯聪从科学、技术、工程三元论出发，指出工程伦理学有狭义和广义之分。狭义的工程伦理学也就是关于工程师的职业伦理学；广义的工程伦理学则包括"工程决策伦理""工程政策伦理""工程过程中的实践伦理"。② 但同时应该看到，工程活动过程不仅涉及工程师的设计、制造过程，还包括其他工程共同体如官员共同体、企业家共同体、工人共同体、消费者共同体的参与、决策、建造和消费等活动。因此，工程伦理学就不仅包括工程师伦理学，还包括其他工程共同体所面临的道德困境和所应承担的道德责任。③ 国内学者对于这一观点已经基本达成共识。

二是关于工程伦理学是否等同于技术伦理学。李世新从研究对象的异同、实际研究状况、可操作性和针对性三个角度，指出工程伦理学不同于技术伦理学，工程伦理学研究内容更广泛、称法更贴切。④ 唐丽指出技术所引发的伦理问题主要是通过工程来放大和实施的，大多数技术也只有在工程化运用中才能大范围地影响社会，同时技术规范和规约所涉及的主体都是与工程相关的利益相关者。所以，技术伦理的大部分内容可以归结为工程伦理学的研究领域。⑤ 我们认为，由于工程活动影响的广泛性、复杂性、长期性等特征，由此而引发的伦理问题也是多元的、复杂的。因此工程伦理学既不能简单地称为工程师伦理学，也不能够称为技术伦理学，两者都只是工程伦理学研究内容的一部分，还应包括工程伦理教育、工程伦理章程、工程伦理研究方法等内容。在一定意义上可以说，工程伦理学作为实践伦理学，已经成为现代伦理学发展的新范式，成为推动当代伦理学发展的新动力。

---

① 张恒力、胡新和：《福祉与责任——美国工程伦理学述评》，《哲学动态》2007 年第 8 期，第 61 页。

② 李伯聪：《关于工程伦理学的对象和范围的几个问题——三谈关于工程伦理学的若干问题》，《伦理学研究》2006 年第 6 期，第 26—28 页。

③ 张恒力、胡新和：《工程伦理学的路径选择》，《自然辩证法研究》2007 年第 9 期，第 49 页。

④ 李世新：《工程伦理学与技术伦理学辨析》，《自然辩证法研究》2007 年第 4 期，第 49—52 页。

⑤ 唐丽：《美国工程伦理研究》，东北大学出版社 2007 年版，第 19 页。

关于工程伦理学的研究内容，主要有六大主题，如下页表1—2所示。

第一是关于工程过程的伦理问题，主要探讨了工程活动的伦理问题、利益与价值冲突、工程设计和决策、项目管理中的伦理问题。在工程活动的伦理问题方面，朱葆伟在介绍工程与伦理关系的基础上，提出应该关注"安全与质量、诚实正直和公正等问题"①，并指出对于工程影响责任的承担，也由工程师的职业责任转化为工程共同体的集体责任。②工程过程的利益和价值冲突问题，一直是工程伦理学关注的焦点问题。肖平指出工程活动是在复杂的利益关系中进行的，工程道德判断是衡量这些利益关系的重要手段，并提出权衡这些关系的五项道德标准。③丛杭青、潘磊在界定利益冲突的基础上，指出了利益冲突的三种类型，即公司与社会公众之间、工程师与公司之间、个体工程师与社会公众之间，并提出了解决利益冲突的方法。④在工程设计和工程决策方面，陈凡认为工程设计不是单独的个人行为，而是富有文化意蕴的社会性的系统行动。工程设计的伦理基本原则是生态保护，主要评价标准是以人为本，主要特征是科学精神与人文精神的有机结合，环境伦理、技术伦理和社会伦理的融合统一。⑤唐丽、陈凡认为工程伦理决策问题是工程伦理学的核心问题，具体体现在与工程相关的个人层面、专业层面、组织层面和社会层面。并提出了伦理决策的三种方法：价值分析方法、伦理审计方法、伦理质量管理。⑥在工程项目管理中的伦理问题方面，曾小春、胡贤文从工程项目管理伦理风险的背景分析入手，指出了伦理风险的四种主要表现形式，进而提出了处理伦理风险的防范措施。⑦也有学者探讨了工程活动的目标与手段的关系，工

①　朱葆伟：《工程活动的伦理问题》，《哲学动态》2006年第9期，第37—45页。

②　朱葆伟：《工程活动的伦理责任》，《伦理学研究》2006年第6期，第41页。

③　肖平：《工程中的利益冲突和道德选择》，《道德与文明》2000年第4期，第26—29页。

④　丛杭青、潘磊：《工程中利益冲突问题研究》，《伦理学研究》2006年第6期，第42—46页。

⑤　陈凡：《工程设计的伦理意蕴》，《伦理学研究》2005年第6期，第82—84页。

⑥　唐丽、陈凡：《工程伦理决策策略分析》，《中国科技论坛》2006年第6期，第95—98页。

⑦　曾小春、胡贤文：《工程项目管理中的伦理风险与防范》，《中国软科学》2002年第6期，第122—124页。

程的质量问题，工程招投标中的伦理问题等。但是我们看出，对于工程过

表 1—2 　　　　　　　　　工程伦理研究六大主题示意图

研究类别／研究主题	代表性人物	代表性论文	代表性观点与研究内容
工程过程伦理问题	肖平、朱葆伟、安维复、陈凡等	肖平：《工程中的利益冲突与道德选择》 朱葆伟：《工程活动的伦理问题》 安维复：《工程决策的伦理考量》 陈凡：《工程设计的伦理意蕴》	工程活动中的利益冲突、工程决策伦理问题、工程设计伦理问题
工程主体伦理问题	肖峰、张恒力、曹南燕等	肖峰：《略论科技元伦理学》 张恒力：《工程师伦理问题研究》 曹南燕：《科学家和工程师的伦理责任》 朱葆伟：《工程活动的伦理责任》	工程共同体的伦理冲突、工程师的忠诚与举报问题
工程伦理理论问题	王前、陈万求等	王前：《网络伦理的自我定位问题》 陈万求：《论工程师的环境伦理责任》	环境伦理、网络伦理、军事技术伦理等的引入
工程伦理教育问题	曹南燕、董小燕、王冬梅等	曹南燕：《对中国高校工程伦理教育的思考》 董小燕：《美国工程伦理教育兴起的背景及其发展现状》 王冬梅：《美国工程伦理教育探析》	工程伦理教育的课程设置、内容、目标，以及课程的实践情况
工程伦理建制化问题	丛杭青、苏俊斌、潘磊等	丛杭青：《工程伦理学的现状与展望》 苏俊斌：《中国注册工程师制度和工程社团章程的伦理意识考察》 潘磊：《工程伦理章程的性质与作用》	工程师职业制度化发展、工程协会伦理章程考量

研究类别 研究主题	代表性人物	代表性论文	代表性观点与研究内容
工程伦理方法问题	李伯聪、李世新、唐丽、张恒力等	李伯聪：《关于工程伦理学的对象和范围的几个问题——三谈关于工程伦理学的若干问题》 李世新：《工程伦理学研究的两个进路》 唐丽：《论工程伦理学研究的趋势与路径》 张恒力：《工程伦理学的路径选择》	工程师与伦理学家的双向互动、关注中国工程的伦理境域、工程案例

程伦理问题的探讨，主要集中于理论分析，而具体工程案例分析太少，所以应加强具体工程过程的案例分析。

　　第二是关于工程主体的伦理问题，涉及工程共同体的伦理分析，主要包括工程师共同体、官员共同体、企业家共同体、工人共同体、消费者共同体等在工程活动中所面临的伦理困境研究。肖锋在分析科技责任时指出，不仅工程师应该承担责任，而且工程管理者和政治决策者，包括公众都负有责任。① 曹南燕在分析现代社会责任的基础上，指出工程师该对什么负责和对谁负责。认为工程师的责任是有限的，如果工程项目所造成的公众利益与雇主利益以及长远利益产生冲突，对于工程师而言，就要面临着"揭发"的问题。② 龙翔对工程师的伦理责任进行了梳理，提出伦理责任的三个转变，即由最初的忠诚责任扩展向"普遍责任"，由乌托邦式的"无限责任"回归到现实的社会责任，又由社会的责任延伸到对自然的责任。③ 张恒力在建构工程伦理学理论框架的基础上，指出工程师伦理研究仅是工程伦理学的重要组成部分，各大工程共同体所面临的伦理问题构成了工程伦理学的研究内容。认为工程师伦理问题应该关注工程设计的伦理

---

　　① 肖锋：《略论科技元伦理学》，《科学技术与辩证法》2006 年第 5 期，第 11 页。

　　② 曹南燕：《科学家和工程师的伦理责任》，《哲学研究》2000 年第 1 期，第 50 页。

　　③ 龙翔：《工程师伦理责任的历史演进》，《自然辩证法研究》2006 年第 12 期，第 64—68 页。

问题，工程安全的伦理问题，以及工程师的揭发问题，而工程师的伦理原则也逐步地由从设计的环境和可持续发展义务，发展到工程安全中对人的安全与健康的关注，再提升到工程师的揭发义务，并以案例的形式详细阐述了工程师所可能面临的伦理困境与应对举措。① 朱法贞分析了工程活动中政府的责任，在界定政府本身和政府官员责任的基础上，探讨了政府的利益导向问题，现代政府的伦理精神和政府职能的道德规约。② 可以看出，对于工程主体的伦理分析，主要侧重于工程师的伦理责任、伦理困境分析，而对于其他工程共同体的伦理研究较少，需要深入其他工程共同体的伦理问题研究。

　　第三是关于工程伦理的理论问题，主要是在环境伦理学、网络伦理等中引入工程伦理研究。陈万求在分析工程与环境互动关系的基础上，指出工程师的环境责任是其角色和可持续发展的必然要求，并提出进行环境伦理教育和制定环境原则而促使工程师承担环境责任。③ 余谋昌在分析"生态建设概念"过程中，提出建筑的生态设计要求，进而指出工程伦理走向工程生态伦理即"工程技术和工程活动的生态化"④。王云霞也提出了工程师伦理责任的生态转向是工程师的社会地位、循环经济的价值诉求、人类的可持续发展以及人与自然的和谐的必然要求。⑤对于网络伦理的认识，王前从网络伦理的角度探讨了虚拟自我问题，指出网络主体道德感和价值观逐渐淡漠和"缺席"，是网络环境引发的社会问题的根源之一。并对现实自我与虚拟自我进行对比分析，指出有必要利用网络技术在虚拟世界中塑造当代独生子女的健康人格和正确的主体人格。⑥ 周颖华、王保中在分析信息技术伦理道德与特征的基础上，提

---

① 张恒力：《工程师伦理问题研究》，中国社会科学出版社 2013 年版。

② 朱法贞：《工程伦理视野中的政府角色——中国工程伦理建构的一个重要维度》，《中国第一届工程伦理会议论文集》2007 年。

③ 陈万求：《论工程师的环境伦理责任》，《科学技术与辩证法》2006 年第 5 期，第 60—64 页。

④ 余谋昌：《关于工程伦理的几个问题》，《武汉科技大学学报》（社会科学版）2002 年第 1 期，第 1—2 页。

⑤ 王云霞：《试论工程师伦理责任的生态转向》，《河南师范大学学报》（哲学社会科学版）2007 年第 2 期，第 46—48 页。

⑥ 王前：《网络伦理的虚拟自我问题》，《第十三届全国科学哲学学术会议论文集》2007 年。

出了信息技术的尊重知识产权、公平使用信息等方面的伦理要求。① 可以看出，工程伦理研究逐渐地把一些重要伦理方向如环境伦理、网络伦理纳入其研究视野，但是还没有把伦理学的一些基本理论引入工程领域，如商谈伦理学有利于解决管理者与工程师之间的冲突，而对军事技术方面的伦理研究就更为缺乏。

第四是关于工程伦理的教育问题，主要是探讨在工程教育中渗入伦理教育的内容，研究伦理教育的方法，并提高工程师解决伦理冲突的技巧和道德敏感性。董小燕在探究美国工程伦理教育的产生背景、教育方法和手段以及实现形式和途径的基础上，指出美国工程伦理教育已经比较成熟，但依然需要教师和管理者共同努力，以灵活多样的形式把工程伦理问题纳入课程。与此同时，法国、德国、英国等国也制定了伦理规范，学校也以多种形式开展工程伦理教育。相比较而言，我国对于工程伦理教育认识不足，经验不多。②王冬梅、王柏峰也对美国工程伦理教育进行了探讨，他们在分析美国工程伦理教育的内容与目标、三种课程形式、三种教学方法的基础上，探讨美国工程伦理教育的特征与启示，认为应把"宏观伦理"概念纳入工程伦理教育的内容和目标中，建议实行认证制度，推动工程伦理教育的发展。③ 曹南燕对中国工程伦理教育进行了研究，指出当前我国工科学生普遍重理轻文；对工程技术有许多含混和错误的理解，对基本的伦理原则和工程师的责任、义务和道德底线不明确。造成这种现状的原因是多方面的，但中国高校普遍缺乏工程伦理教育应该是主要原因之一。所以，中国的理工科高校要切实重视工程伦理教育；加强对工程伦理问题的研究；开设课程，包括正规化、常规化的工程伦理课程以及在专业基础课和人文素质方面的公共课中加入工程伦理内容；培训工程伦理学方面的专职教师和研究人员。④ 肖平以在西南交通大学开设工程伦理课程的教学经

①　周颖华、王保中：《关于信息技术伦理道德问题的思考》，《吉林教育科学·普教研究》2001 年第 5 期，第 32—34 页。

②　董小燕：《美国工程伦理教育兴起的背景及其发展现状》，《高等工程教育》1996 年第 3 期，第 73—77 页。

③　王冬梅、王柏峰：《美国工程伦理教育探析》，《高等工程教育》2007 年第 2 期，第 40—44 页。

④　曹南燕：《对中国高校工程伦理教育的思考》，《高等工程教育》2004 年第 3 期，第 37—39 页。

验为依据，提出了工程伦理课程设置的内容、目标，并介绍该课程在实践中的状况，指出学生对此的反应不够强烈。可以看出，工程伦理教育问题研究，一方面主要是介绍美国工程伦理教育的情况；另一方面也探讨了我国的工程伦理教育课程设置和内容，但是由于缺乏制度化的保证，即工程师注册制度中没有工程伦理方面的要求，所以，无论在工程伦理教育研究上还是教学上都显得缺乏动力和保障。

　　第五是关于工程伦理的建制化问题，主要探讨了工程师协会的伦理规章，工程师职业制度化建设等内容。苏俊斌、曹南燕对中国 17 个专业的注册工程师制度法规和 45 个工程社团章程文本的伦理内涵进行解读，参照中国工程师学会的《中国工程师信条》的历史沿革和国际工程组织联盟的工程伦理规则范本，在纵向和横向两个维度进行了分析比较，认为中国注册工程师的制度具有明确的伦理意识，但其内涵滞后于当今时代的伦理观念，工程师社团尚缺乏自觉的伦理意识。[①] 潘磊在分析伦理章程及其作用的基础上，以伦理相对主义为理论依据，提出了工程师伦理章程三个方面的局限性，进而指出伦理章程作为工程师职业的一种集体承诺，约束工程师的职业行为并维持公众对职业的信心与信任，是工程师职业成为可能的必要条件。[②] 丛杭青、王伟勤在工程伦理制度化建设问题上，提出三个方面的建议，即完善职业注册制度，完善和规范工程社团伦理规章并加强工程伦理教育，但是制度化发展的根本保证主要还是制度层、管理层的政策决议。[③] 可以看出，工程伦理制度化发展，工程师职业制度化发展，是中国工程伦理发展的一个必由之路，但是这条道路是比较漫长的，需要工程界、哲学界、企业界、政府界等多方面的合作和努力，才会健康而有序地发展。

　　第六是关于工程伦理的方法问题，主要是研究工程师与伦理学家的双向互动，关注中国工程境域的案例研究。李伯聪在把工程伦理学分为

---

　　① 苏俊斌、曹南燕：《中国注册工程师制度和工程社团章程的伦理意识考察》，《华中科技大学学报》（社会科学版）2007 年第 4 期，第 95—100 页。

　　② 潘磊：《工程伦理章程的性质与作用》，《自然辩证法研究》2007 年第 7 期，第 40—43 页。

　　③ 丛杭青、王伟勤：《工程伦理的缘起与意义》，载《2007 年工程哲学学术年会论文集》。

狭义和广义之分的基础上，提出狭义的工程伦理学应该走向广义的工程伦理学，应该促进工程界与伦理学界的对话与互动。①② 李世新在分析工程的伦理性质和价值特点的基础上，提出工程伦理学研究的两个进路，一方面，从伦理到工程，用伦理学的视角和方法去发现和研究工程中的伦理问题，以伦理道德引导和约束工程实践的发展，使工程更好地造福于人类；另一方面，从工程到伦理的方向，要研究工程发展对伦理道德的影响，相应改变陈旧的伦理观念和规范，树立新的伦理思想。③ 陈凡、唐丽在分析工程伦理研究的国际化趋势和国内工程伦理学研究路径的基础上，指出国内工程伦理学研究的主要缺陷是问题意识不明显，研究缺乏针对性，学科意识不强，理论建构不足，进而提出必须明确中国工程伦理问题域，并增强工程伦理学科意识，建构工程伦理课程。④ 张恒力、胡新和在分析工程伦理境域的基础上，指出应该关注中国工程的伦理境域特点，立足于中国工程案例是中国工程伦理学研究和发展的基础，研究包括工程师共同体在内的其他工程共同体的道德困境是工程伦理学的境域要求。⑤ 可以看出，国内学者已经充分认识到，工程学界与伦理学界之间的隔阂是工程伦理学发展滞后的重要原因之一，并提出需要加强两者的对话与互动，同时也认识到应该关注中国工程伦理的境域特点，关注中国的工程案例研究，但是对造成工程界与伦理学界隔阂的原因认识不足，对于如何在中国工程伦理境域下探究中国工程伦理案例的方法研究不多。

三　若干启示

从我国近二十余年的工程伦理发展和主要研究主题来看，我国工程伦理

---

①　李伯聪：《关于工程伦理学的对象和范围的几个问题——三谈关于工程伦理学的若干问题》，《伦理学研究》2006 年第 6 期，第 26—28 页。

②　李伯聪：《工程与伦理的互渗与对话——再谈关于工程伦理学的若干问题》，《华中科技大学学报》（社会科学版）2006 年第 4 期，第 71—75 页。

③　李世新：《工程伦理学的两个进路》，《伦理学研究》2006 年第 6 期，第 31—35 页。

④　陈凡、唐丽：《论工程伦理学研究的路径与趋势》，《东北大学学报》（社会科学版）2007 年第 1 期，第 6—10 页。

⑤　张恒力、胡新和：《工程伦理学的路径选择》，《自然辩证法研究》2007 年第 9 期，第 46—50 页。

研究还处于向西方学习和引进的阶段，与西方国家工程伦理研究相比还是比较滞后的，这与我国工程建设发展的迫切需要和目前我国堪称世界第一工程大国的状况是极不相称的。现实生活的迫切需要和理论发展的内在逻辑都在呼唤中国的工程伦理学能迅速地发展起来，向职业化进程迈进并与国际接轨。

笔者认为当前中国工程伦理学的发展需要注重两方面的工作：

一方面需要加强理论研究，促进学科发展。主要着眼于三个层面：首先是在跨文化的研究过程中，立足于中国工程伦理的事实本身；其次是展开基础理论研究，建立完整与完善的工程伦理理论体系，包括工程伦理的伦理原则、伦理方法等；最后是开展案例研究，关注并深入地调查和研究中国的具体案例，包括一些重大的建设工程，如三门峡水电站、核电站等。

另一方面是中国的工程伦理在职业化和建制化发展道路中，需要优先解决三个问题[①]：首先是完善和规范我国工程社团伦理章程，在社团中成立伦理道德委员会，修订和完善伦理章程；其次是建立工程专业认证制度和加强工程伦理教育。政府有关部门需要建立工程专业认证制度，同时工程伦理教育方面需要走跨学科的发展道路，把工程哲学、工程社会学、工程管理学、工程史等学科的研究与教育结合起来；最后是建立和完善注册工程师制度，执业工程师制度在全国还没有全面推行，需要加强专业教育评估与认证、职业实践、资格考试和注册登记管理方面的工作。

总之，中国工程伦理学的研究与发展，既要关注中国工程伦理的事实问题，又要促进工程伦理的建制化发展，只有把两者结合起来，才能够促进我国工程伦理研究的起飞。

第三节 当代西方工程伦理研究的态势与特征[*]

自工程伦理学在 20 世纪 70 年代在美国产生以来，德国、法国、澳大利亚等一些国家根据本国的文化境域和工程发展水平，形成了各自比较有特色的工程伦理研究领域。经过几十年的发展，这些研究在工程制度建设、工程伦理教育、工程伦理规范等方面都已经发展得比

---

① 丛杭青、王伟勤：《工程伦理的缘起与意义》，载《2007 年工程哲学学术年会论文集》。

* 本文原载《哲学动态》2009 年第 3 期。

较成熟和完善，同时也呈现出新的态势和问题。通过探究西方工程伦理学的发展态势和问题，能够为发展我国工程伦理学研究提供一定的参考和借鉴。

一　工程职业化进程加快：工程伦理规范不断健全与完善

工程伦理规范作为工程职业发展的重要内容，已经成为工程职业化的必要条件。它不仅指出工程师的道德责任，表达工程职业共同对伦理的义务，而且也强调工程师执行规范的自由。从一定意义上可以说，工程伦理规范已是工程师职业行为的参考和依据，并且工程伦理规范的完善程度也决定着工程职业化水平的高低。

同时，工程伦理规范始终处于一个逐步调整并完善的过程之中。在20 世纪早期，美国职业工程协会通过了第一个伦理规范，要求工程师能够关注于伦理方面的重要事宜。在 20 世纪 70 年代之前，大部分规范强调职业声誉而不是保护公众，70 年代后关于一些新的议题，如环境问题，已经出现在伦理规范中。在工程师协会的章程中也增加了一些伦理方面的要求，如几乎各大工程师协会的章程都把"工程师的首要义务是把人类的安全、健康、福祉放在至高无上的地位"作为章程的根本原则。德国工程师协会的哲学和技术小组委员会经过十年工作（1970—1980 年），编写了技术评估政策的指导方针（VDI – Richtlinie）（VDI 3780），包括技术和经济的效率，公众福利，安全，健康，环境质量，个人发展，以及生活质量等内容。① 这一指导方针于 1991 年被政府采用，并成为工程师职业活动的重要标准。2002 年德国工程师协会颁布的《工程伦理的基本原则》② 更为全面，指出伦理原则是工程师技术活动判断所依据的指南，并在必要时为工程师提供支持，同时规定德国工程师协会必须对工程师开展教育、咨询活动，通过传授知识对工程师的行为提出要求，尤其是当工程技术人员面临责任和权利的冲突时对他们予以保护。1997年，法国工程师与科学家协会、毕业生工程师协会同盟、法国工程师国家

---

① C. Mitcham, *Thinking through Technology*: *the Path between Engineering and Philosophy*, Chicago: The University of Chicago Press, 1994, p. 69.

② ［德］C. 胡比希：《技术伦理需要机制化》，http://philosophy.cass.cn/chuban/zxyc/ycgqml/05/0504/0504012. htm。

委员会三大团体联盟（CNISF）编制了一部工程师伦理规范，成为法国工程师关注技术问题的重要参考。

虽然这些工程伦理规范不断地健全与完善，但不可避免地存在着一些问题。第一，工程伦理规范通常是不完备的并存在缺陷。虽然在引导职业行为方面，它们与建构社会的法律权威起到类似的权威作用，但它们常是不完备的和最后的话语，既忽略遗漏又容易引起犯罪。与此同时，大部分工程伦理规范局限于总体上的词语表述，不可避免地存在模糊的潜在领域，也不能直接地应对所有的情境。例如，大部分规范告诉工程师把公众的安全、健康和福利（或其他相似的事情）放到至高无上的地位；但是，规范本身并不具体地说明术语"安全"应该如何来被理解，工程师需要如何进行保护。所以，当工程师使用它时，就可以自由地解释它。在工程实践中，工程师常依据他们已经拥有的工作常识和经验，将两者结合在一起来解释"安全"。这也充分说明规范存在着另一个缺陷：由于一个伦理规范一直没有告诉人们应该选择词语"安全"的何种解释，并且允许工程师有更大的自由按照他们的意愿来理解他们的责任，从而造成责任承担的偏差。第二，工程伦理规范自身所带来的冲突性、不确定性。当规范中的不同条目互相冲突时也就产生了其他的不确定性。在许多案例中哪个条目应用优先，规范常提供很少的引导，也没有帮助职业人员来处理这样的冲突。例如，最明显的冲突是对公众的健康、安全和福祉所应有的义务与做一名"忠诚的雇员"的义务之间的冲突。假设一家化学工厂正在将污染物排放到当地的河流里，而法律没有规定这是违法的。工程师知道这些污染物会危害公众，但是如果要整改那就会付出昂贵的代价，工厂可能会因此而倒闭，或者至少一些雇员会因此而失去工作，那么这就不仅仅是一个对雇主的义务与对公众的义务之间的冲突，同时也是对公众健康的义务与对公众的经济福利之间的冲突。[①] 第三，工程伦理规范的扩散性所带来的多样性与复杂性。正如美国哲学家 A. 欧登奎斯特（Andrew Oldenquist）和 E. 斯路特（Edward Slowter）（NSPE 前主席）指出："由于许多不同的职业工程协会有着不同的伦理规范，而这些不同的伦理规范常

---

① ［美］查里斯·E. 哈里斯：《美国工程伦理学：早期的主题与新的方向》，潘磊、丛杭青译校，《工程研究》第三卷，北京理工大学出版社 2008 年版，第 120—121 页。

常促使成员感到伦理行为比实际上更相对和更多变。"① 不过，他们也认为在不同的工程规范间也有潜在的一致性，因此号召使用一个统一的规范。尤其需要指出的是，对工程伦理规范的一个传统的批评是，在一个高度竞争的社会环境中这些规范不能高效地运行。当规范不能得到很好的执行时，规范就相当于一种窗口，增强了公众对职业产生玩世不恭的看法。同样严重的是，规范时常抑制职业之间的不同意见并在其他方法上可能得到滥用。也许更为严重的是，为了保持职业理想和保护现状，造成了一部分工程师滥用工程伦理，同时又限制另一部分个体工程师诚实的道德努力。②

二   工程师道德素养提高：工程伦理教育持续扩大并推广

工程伦理教育作为培养工程师职业道德技能的重要手段，提高了工程师的职业道德素养，增强了工程师的道德敏感性，推动工程伦理学向建制化方向发展。1985 年，美国工程与技术认证委员会要求美国的工程院校，必须把培养学生"工程职业和实践的伦理特征的认识"作为接受认证的一个条件。2000 年，工程与技术认证委员会制定更为具体的方针，当前工程院校正在按照这些方针来操作。而美国国家科学院、国家工程院在《2020 年的工程师：新世纪工程学发展的远景》中指出，工程师应该成为受全面教育的人，有全球公民意识的人，在商业和公众事务中有领导能力的人，有伦理道德的人。荷兰三所技术大学（Delft，Eindhoven and Twente）成立了哲学系并设有研究团队专门研究工程伦理学。其中，2002 年代夫特（Delft）技术大学哲学系举办了以"工程与伦理研究"为主题的国际会议，围绕"风险、自治和作为职业的工程"三个议题展开讨论，推动了工程伦理学研究的发展。③ 2003 年 4 月，法国—斯坦福跨学科研究

① G. Oldenquist Andrew and E. Slowter Edward, Proposed：A Single Code of Ethics for All Engineers, *Professional Engineer*, 1979（49）：8－11.

② Mike W. Martin, Roland Schinzinger, *Ethics in Engineering*, Boston：McGraw － Hill, 2005, p. 46.

③ Michael Brumsen Sabine Roeser, Research in Ethics and Engineering, *Techné*, 8：1 Fall, 2004, pp. 1－9.

中心，在斯坦福大学举办了主题为"从美国和法国的观点看，当代科学与工程中的风险与责任问题"的学术会议。这是一次不寻常的会议，因为对于著名的科学家或工程师来说，他们是很少强调他们的技术领域和专业所带来的非技术问题，如风险、责任和政策。① 澳大利亚在工程教育方面的一个核心话题是"重建工程"（re – engineering），也就是从政治、社会、经济以及环境等方面去关注工程。例如，在悉尼，一些技术性大学的做法，从 1980 年就开设"工程与社会"的课程，使学生关注与技术相关的境域情况。②

但是，工程伦理教育依然面临着诸多挑战。著名工程伦理学家 M. 马丁（Mike W. Martin）指出，美国工程伦理教育正面临着三个方面的挑战：第一，工程伦理学的学习如何被理所当然地整合进工科学生所需要的必修课程目录中；第二，应由谁来教授工程伦理学；第三，工程伦理学的教学和研究目标是什么。③ 在实践教学中，工程伦理教育也存在着理论教学与现实需要严重脱节的情况。正如罗伯特·迈基（Robert E. McGinn）采取问卷调查时所发现的，对工程学生进行工程中伦理问题相关的教育与现代工程实践的现实之间存在着重大的鸿沟。而广大学生的期望，即在他们将来的工程职业中所出现的伦理问题，却与普遍应用于工程课堂中的工程伦理问题以及在课堂外频繁遇到的伦理问题很难是相同的。④ 在教学内容上，存在着研究范围狭窄、关注对象过于单一等问题。著名工程伦理学家 M. 戴维斯（Michael Davis）对这种传统提出批评，认为美国工程伦理学主要集中于专业者个体的问题——如道德困境、揭发、忠诚、诚实等，工程伦理学的教师也投入太多时间在个体决策上，而对于技术的社会政策与社会境域的关注不够。他指出应该从组织的文化、政治环境、法律环境、角色等六个方面进行探讨，在工程伦理学的教学过程中应该也从历史学、

---

① Robert McGinn, Introduction "Issues of Risk and Responsibility in Contemporary Engineering and Science: French and U. S. Perspectives", *Science and Engineering Ethics*, 2006 (12): 595.

② Stephen Johnston Alison Lee Helen McGregor, Engineering as Captive Discourse, *PHIL & TECH* 1: 3 – 4 Spring, 1996.

③ 迈克·W. 马丁：《美国的工程伦理学》，《自然辩证法通讯》2007 年第 3 期，第 119—120 页。

④ Robert E. McGinn, "Mind the Gaps": An Empirical Approach to Engineering Ethics, 1997 – 2001, *Science and Engineering Ethics*, 2003 (9): 517 – 542.

社会学和法律等方面阐述工程决策的境域。① 而这些问题在法国则更为突出和严重。第一，在任何法国大学中不存在这一学科，哲学和工程系对这样的议题也很少感兴趣。尽管也有少部分的教师和研究者在天主教大学和一些工程院校里研究这一问题，但他们人数很少。第二，在一般的工程课程中几乎没有伦理教育。因为越来越多的时间是给予如认识论、人文科学或艺术的非技术科目，而不是职业伦理。第三，虽然在过去几年里法国已经日益关注其他领域的伦理，但在工程伦理学上几乎没有进行学术研究。② 近来这一状况有所改观，法国工程师开始关注技术所产生的非技术问题。

三 工程共同体研究凸显：工程伦理境域研究受到关注和重视

工程伦理学研究一直关注境域问题。境域（context）一般有广义和狭义之分。狭义的境域，是工程师在工程活动中，识别、解决伦理问题时的具体环境状况；广义的境域，是指工程师所处的一般性环境状态，如政治、经济、文化、道德等。境域也有内部和外部之分。内部境域，主要是指工程职业内部的状况，包括职业工程师对于伦理问题的观点、职业协会的伦理规定等；外部境域，主要是指职业外部的状况，包括公众、管理者、客户对工程活动中伦理问题的认识，以及社会道德水平等。著名工程伦理学家 M. 戴维斯指出，对境域性问题的关注，一直是美国工程伦理学教学和研究的内容之一，而且在工程伦理学教学过程中，始终重视诸如历史、社会学、法律等内容，以此增加对决策的境域性认识，提高学生对组织文化和组织特点的认识能力和水平。③ H. 路根贝尔（Heinz C. Luegenbiehl）也认为，不同的伦理要求与不同社会境域中的角色是相互协调的，而职业伦理不能够简单地是抽象哲学分析的主题，它需要在一

① Michael Davis, Engineering Ethics, Individuals and Organizations, *Science and Engineering Ethics*, 2006 (12): 223 – 231.

② Christelle Didier, Engineering Ethics in France: a Historical Perspective, *Technology in Society*, 1999 (21): 471 – 472.

③ Michael Davis, Engineering Ethics, Individuals and Organizations, *Science and Engineering Ethics*, 2006 (12): 223 – 231.

个具体的文化范围内来进行考察，这才能促使一个普遍工程伦理学的发展。①

境域关注也是工程伦理学作为实践伦理学的发展要求。C. 威特贝克（Caroline Whitbeck）指出，在实践伦理学（包括职业伦理学）中，焦点是问题境域和伦理标准的声明。② 古德曼（Steven L. Goldman）认为，工程实践正在被社会所建构，也被公司的管理层所控制，而不是由工程职业自身进行管理。他进一步指出："（工程实践）是被技术行为的社会决定因素所约束，而技术行为是人们有选择性地利用工程技术，因此限定了工程师所关注的问题和选择可以接受的解决方案。"③ 今天的工程师越来越多地处于一种被动的地位，工程师的活动也更加受到管理者、政府官员、民众等的影响和制约，特别在重大的决策上管理层或者客户有着很大的决定权。正如《道德困境：公司经理的世界》一书中指出的，在现代公司制度里，已经形成了公司的官僚主义，在许多方面突出了管理者所面临的道德困境问题。其实，许多技术上的决定与决策，对于工程师来说，他们多数是无能为力的，也只是扮演着服从的角色。④ 而且工程活动的日益复杂化，涉及更多的利益团体，对于相应的事故责任承担问题也显得更为复杂。这些责任只需要工程师来承担吗？工程师自身能够承担得起吗？邦格提出过这样的"技术律令"：你应该只设计和帮助完成不会危害公众幸福的工程，应该警告公众反对任何不能满足这些条件的工程。这一律令似乎也适合于工程技术管理者（企业家）和政治决策者（政府官员），只需将其中的"设计"变通为"执行"和"批准"。公众在这里也负有责任，如他们对科技的可能结果是否关注、对危险的科技活动是否形成了足够的压力，以及以消费者及用户的身份对科技产品形成什么消费指向。⑤

因此，在推进工程伦理境域研究的基础上，工程伦理研究不仅关注工

① Heinz C. Luegenbiehl, Ethical Autonomy and Engineering in a Cross – Cultural Context, http://scholar. lib. vt. edu/ejournals/SPT/v8n1/luegenbiehl. html.

② Caroline Whitbeck, Investigating Professional Responsibility, *Techné*, 8：1 Fall, 2004, p. 89.

③ Steven L. Goldman, "The Social Captivity of Engineering", In Durbin, T. Paul ed., *Critical Perspectives on Nonacademic Science and Engineering*, Bethlehem：Lehigh University Press, 1991, p. 121.

④ Jackall Robert, *Moral Mazes：the World of Corporate Managers*, New York：Oxford University Press, 1988.

⑤ 肖峰：《略论科技元伦理学》，《科学技术与辩证法》2006 年第 5 期。

程师的伦理困境，也开始关注诸如管理者、工人、公众等工程利益相关者的责任困境。这些工程共同体①的伦理困境也正逐渐成为工程伦理学研究的重要对象。德国的技术伦理研究中更加关注公众参与。德国伦理学家尤纳斯指出："我们每个人所做的，与整个社会的行为整体相比，可以说是零，谁也无法对事物的变化发展起本质性的作用。当代世界出现的大量问题从严格意义上讲，是个体性的伦理所无法把握的，'我'将被'我们'、整体以及作为整体的高级行为主体所取代，决策与行为将'成为集体政治的事情'。"② 在德国，议会本身并不对技术活动做出决策，只是把问题提交给公众进行讨论。通过委托一些专业机构，比如德国工程师协会，由工程师协会综合参考公众讨论得出的结果，对技术活动做出决策，并提交给议会予以执行。在澳大利亚，由于工程师受雇于政府或大型公司，所以，澳大利亚的伦理规范的第一原则——工程师的主要责任是对更大共同体负责，但工程师在履行这一责任上也同样面临着困境。而这一问题的解决主要是由跨学科（multi - disciplinary）的团队，包括工程师以及其他的职业者和其他的利益相关者，共同来发现问题并寻求解决方案。同时，工程师在促进公众参与的进程中，发展一种分析工程师自身责任的方法，从而能够在与其他利益相关者的关系中清晰地定位。

四　几点启示

从工程伦理规范、工程伦理教育和工程伦理境域研究呈现的态势和特征中，我们发现，工程伦理规范已经比较健全和完善，但局限也日益明显；工程伦理教育持续推广并扩大，但教育对象、研究方法等问题依然很多；工程伦理境域研究逐渐受到重视，但工程共同体的伦理困境也逐步凸显。这就要求我们在推进工程伦理学的研究中，不仅借鉴西方工程伦理学研究的经验，而且更要关注工程伦理研究的动态，研究工程伦理境域，加强其他工程共同体的理论研究。

具体来说，第一，加快工程伦理规范的制定。工程伦理规范作为工程职业发展的必要条件，决定着工程职业化发展的水平。如美国早在100多

---

① 　张恒力、胡新和：《工程伦理学的路径选择》，《自然辩证法研究》2007年第9期。
② 　转引自甘绍平《应用伦理学前沿问题研究》，江西人民出版社2002年版，第117页。

年前就把伦理规范作为职业认同的手段，着手伦理规范的建设。经过一个多世纪的发展，工程伦理规范已经比较完善，不仅各大专业工程师协会制定了本专业的工程伦理规范，在内容上也已经由忠诚于雇主改变为现在大部分规范中第一条款所说的对于公众福利的"必要的关注"，并且许多协会开始讨论增加保护环境条款的问题。与之相比较，我国的工程伦理规范发展总体上说比较传统、保守而且滞后，工程师协会也没有形成完整而系统的伦理规范体系，而仅仅是表面而模糊的总体表述，缺乏宏观性指导性方针以及具体的操作原则与实用标准，因此，加强工程伦理规范建设就显得尤为必要和紧迫。在制定工程伦理规范方面，不仅需要研究工程伦理规范的标准和制定方法，还要注重工程伦理规范本身的可行性和现实性。如法国的工程伦理规范就是妥协的产物，没有很强的操作性和可行性，成为摆设而没有多大意义；而案例巴伦西亚（Valencia，西班牙港市）工业工程师官方协会职业伦理规范的制定①则可为我国制定适合境域的工程伦理规范提供有价值的参考。

第二，加强工程伦理教育。工程伦理教育不仅是促进工程伦理学深入研究的推动器，而且也是提高工程师伦理意识的重要手段。就美国工程伦理教育而言，他们不仅制定了完备的伦理课程内容和课程体系，而且工程伦理也成为工程师职业考试的必考内容。在一定意义上可以说，正是由于广泛而深入的工程伦理教育才真正促使美国工程师职业伦理意识的提高，并推动工程职业化水平的发展。澳大利亚从 1980 年就开设"工程与社会"的课程，促使学生认识和理解工程伦理。与这些国家相比较，近年来我国许多学者逐渐认识到这门课程的重要性，并在几所著名的大学以选修课的形式开设。但决策层对于这门课程没有制定政策予以支持，而且学术界也没有形成普遍性的共识，这在一定程度上制约了我国工程伦理学的发展和推进。可喜的是，越来越多的学者（包括工程师和伦理学者）开始关注并研究这个领域的问题，而且逐步推动决策层能够认识到这一问题的重要性，争取管理层面的认可。

第三，促进公众参与。由于工程所造成影响的广泛性、深远性、潜在

---

① J. Félix Lozano, Developing an Ethical Code for Engineers: The Discursive Approach, *Science and Engineering Ethics*, 2006 (12): 249 – 252.

性以及不可逆转性等特征，都可能对公众产生难以消除的伤害或负面后果；另外，大型的工程活动也涉及包括政府管理人员、承包商、工程师、工人等的许多利益相关者，当然也更包括普通公众。因此，必须尊重公众参与的权利和利益相关者的利益，公众对可能遭受的伤害应该有知情权、反对权等权利。德国制度伦理就是从制度或者机制上保证公众参与的权利，使公众的意见得以表达。德国议会把关于转基因食品的技术评估及决策问题交给了德国工程师协会，后者在面对不同意见时履行自己的职责，通过讨论并促进公众参与而求得共识，而一旦这些不同意见在讨论中形成一致，其解决方案就将成为条例、准则等固定下来，并提交给国家行政执法机构予以颁布。相比较在我国，涉及工程方面的公众参与，也有如圆明园遗址防渗工程等的典型案例，但是就公众参与的政策和组织制度方面却少有规范，而且公众参与积极性也不高，这些状况都与我国民主制度建设落后和公众的民主意识不强密切相关。无疑，促进公众参与，必须推进民主建设进程和提高公众民主意识。

当然，工程制度建设的加快会推进工程职业化进程，但是不了解工程伦理的发生境域，就可能造成工程制度建设不适合工程境域的实践要求，而使工程制度建设失去方向，因此，作为外在方面的工程伦理境域研究同样也是必不可少。只有加强这方面的研究，才能从根本上理解和认识我国工程伦理发展滞后的原因，认识和理解工程师为什么不重视伦理问题以及伦理学家不重视工程问题的历史和文化渊源。总之，工程制度建设和工程伦理境域研究必须两面推进、双向互动，才会真正促进我国工程伦理学的健康发展。

第四节　美国的工程伦理学[*]

"工程伦理学"是指一个研究（inquiry）领域：关于工程中道德问题的研究，和对于那些应用于指导工程师工作的伦理原则和理想的探讨。在第二层意义上，"工程伦理学"指的是当前工程中的伦理标准：既包括（1）工程师的伦理准则，如当前已设立的工程师专业协会的伦理规范，也包括（2）工程师在伦理问题中现实的行为方式。而在第三层意义上，

---

[*]　本文原载《自然辩证法通讯》2007 年第 3 期。

"工程伦理学"指的是工程中伦理上所期望的标准：那些应当指导工程师的行为，道德上已得到证明的准则和理想，而不论这些准则和理想目前是否已被职业规范所认同。从所有这些意义上看，一种伦理学的评价，正逐步成为工程师专业资质的中心。本节就主要从专业协会、跨学科合作和工程伦理教育三个方面，对美国的工程伦理学做一个简要的介绍。

一　专业协会与伦理规范

从传统上讲，专业人员有几种显著的特征：受过高等教育；个体和团体对于某些公共福利方面的义务（例如医生的义务是促进健康，律师的义务是维护法律公正，工程师的义务是生产安全、实用和有效的技术产品等）；具有专业协会（除了其他职能之外），以制定和发布共享的伦理规范，表达专业人员在追求公共福利中的道德责任；在行使个人判断上有一定程度的自主性（自由、自我决定），这对于他们负责任地从事他们的工作是必需的。由于美国的工程师是如此彻底地置身于商业环境中，所以对于工程师而言，他们需要花费一些时间来争取他们的专业身份。①

专业协会的形成在于创造使人类在生活的所有领域中受益的技术产品，并在培育其专业化方面，起到了关键性的作用。不像大多数其他的专业人员，工程师并不仅仅是发展成一个强大的专业协会［较之于如美国医师协会（the American Medical Association）或美国律师协会（the American Bar Association, ABA）］。相反，许多专业协会发展起来，每个都随着工程中的专业化领域而出现，例如，美国土木工程师协会（the American Society of Civil Engineers），美国机械工程师协会（the American Society of Mechanical Engineers），以及电气电子工程师协会（the Institute of Electrical and Electronics Engineers）等。此外，还形成了一些综合性组织，如全国工程师专业协会（the National Society of Professional Engineers, NSPE）。每个专业协会都制定了自己的伦理规范，有些比较概略，有些则较为详尽，但所有这些都要进行周期性地修订，然而，大部分的伦理规

① Layton, Edwin T. , *The Revolt of the Engineers*, Baltimore, Maryland: Johns Hopkins University Press, 1986.

范，最终都包含一个声明，要求工程师"把公众的安全、健康和福利放到至高无上的地位"。这一关键性短语成为一个基点，以提升工程师贡献于公众福利的意识，而不是仅仅服从于公司管理者的利益和指令。

与其他协会相比，有一些专业协会能更积极地使伦理对于专业化凸显出来，例如，通过在专业会议上鼓励组织工程伦理方面的专题，以及发展一些项目来支持那些有责任的工程师，当他们勇敢地按照专业伦理规范行动时，有时却失去了自己的工作。全国工程师专业协会（NSPE）已经做了可贵的努力，设立了伦理审查委员会，多年来已经出版了（以真实事件为基础的）案例研究，来为工程师应用全国工程师专业协会的伦理规范提供详细的指导。然而，专业协会有必要做出更多的努力，以支持伦理行为。①

二　跨学科的协作

就像应用伦理学或实践伦理学的其他分支一样，一旦工程师开始与哲学家，以及律师、社会科学家和其他对职业伦理感兴趣的群体开始合作，工程伦理学的研究就获得了长足的进展。在 20 世纪 70 年代后期，工程伦理学开始吸引哲学家们的关注。而其催化剂是 1978—1980 年关于哲学和工程伦理学的国家项目，它由罗伯特·鲍姆（Robert Baum）领导，由国家人文学科基金（NDH）和国家科学基金会（NSF）支持。18 位工程师和哲学家组成的团队参与了这一项目，其中每个人都探讨了工程中被忽视的伦理问题。从那以后，工程师开始持续地与哲学家，同样也包括律师、宗教思想家和其他感兴趣的团体合作。对于内容广泛的各类问题的研究，已经取得了丰硕的成果。

正如人们或许所期望的，哲学家对于工程师所负有的义务的道德基础，有着许多的研究可做。一些哲学家（包括教科书的作者）应用普遍的伦理理论，例如人权伦理，以论证公众的不受伤害权，赋予工程师以责任，去预见技术发展的固有风险并将其最小化。② 其他的哲学家则强调专业的权威性，以发展权威的伦理规范，使工程师能够在服务于公众利益中

① Unger, Stephen H. (ed.), *Controlling Technology*, 2nd, New York: John Wiley & Sons, 1994.

② Martin, Mike W. and Roland Schinzinger (ed.), *Ethics in Engineering*, 4th, Boston: McGraw – Hill, 2005.

追求他们共有的理想（Davis，1998）。人们也关注到，如果伦理规范仅典型地表达于存在一个广泛的道德共识的领域①，以及强调领导的重要性和工程师奉献的额外的"优质工作"（good work）②，那么个体的道德理想的作用就较难被包含在伦理规范中。

　　哲学家通过与工程师合作，也研究了大量的工程实践问题，以澄清核心的概念，论证特定的道德观点。这些议题包括诚信问题（既是可信的，也是值得信任的），降低风险和风险管理问题，保护环境问题，规避利益冲突问题，是否参与武器研制的个人决策问题，以及技术保密问题等。许多问题也关涉如何在对雇主的责任和更广泛地保护公众的责任之间保持平衡。例如，一个引起众多争论的问题是揭发问题，即把有关严重的安全或其他道德问题的信息，通过未经组织确认的途径，透露给某一职位上有权对此采取行动的人。如同在所有职业中一样，在工程中这一类揭发的事例也比比皆是，并且有整本的书来研究著名的案例，在其中揭发实际上发生的或没有发生的，如"挑战者"号航天飞机爆炸的案例。③

三　工程伦理教育

　　严肃认真的工程伦理学习应该在工程师的培训过程中进行。1985年，工程与技术认证委员会（the Accreditation Board for Engineering and Technology，ABET）要求美国的工程院校，作为接受认证的一个条件，必须培养学生对于"工程职业和实践的伦理特征的认识"（Fifty‐Third Annual Report，1985）。2000年，工程与技术认证委员会提出了更为具体的方针，目前工程院校正在按照这些方针来实施。

　　当前，美国的几乎每所得到认证的工程学院都以这种或那种方式，开展工程伦理学的学习。但每所大学也都面临三种挑战。第一种挑战，工程伦理学的学习如何被理所当然地整合进工科学生所需要的必修课程目录中？

---

　　① Martin, Mike W., *Meaningful Work*: *Rethinking Professional Ethics*, New York: Oxford University Press, 2000.

　　② Pritchard, Michael S., *Professional Integrity*: *Thingking Ethically*, Kansas: University Press of Kansas, 2006.

　　③ Vaughan, Diane, *The Challenger Launch Decision*, Chicago: University of Chicago Press, 1996.

有些大学已经把工程伦理学课程引入为所有工科学生必修的课目（例如，在得州农工大学（Texas A&M），由哲学系的查尔斯·E. 哈里斯（Charles E. Harris）教授和感兴趣的工科教授组成的团队来进行教学）。另有一些大学把工程伦理学作为必修的写作课程的一部分。其他的教学计划有由大学的哲学系开设工程伦理学课程让学生选修。更多的教学计划是尝试在其他的课程，如第一年的适应课程，高级设计课程，以及甚至在各种类型的技术课程中的案例研究中，用一到两周的时间来从事工程伦理学的学习。

第二种挑战，应由谁来教授工程伦理学？在工程伦理学的早期发展中，许多课程是由工程师和哲学家组合的团队来进行教学的，在可能的情况下，这种安排仍然是所期望的。然而，为了给所有的学生讲授工程伦理学，显然工程学教授将起主导作用。为了能这么做，工程学教授们显然也需要一些背景知识方面的准备，例如，可以通过学习一门或多门的伦理学课程，通过与哲学家合作，通过参加工程伦理学的研究团队，或是通过独立的伦理学研究（来完成）。例如，20世纪早期，在得克萨斯州工业大学默多夫中心（Texas Tech University's Murdough Center）的吉姆·史密斯（Jimmy Simth）的领导下，整个得克萨斯州的工程学教授，甚至工程院校的校长组成了团队来研究工程伦理学。对于工程师来说，这种课程学习则是通过继续教育项目来进行的。凯文·派西诺（Kevin Passino）最近也在俄亥俄州州立大学的电子和计算机工程系，为定向于师资培养（faculty - bound）的博士水准的研究生，开设了一门称之为"工程伦理学教学"的课程，以帮助他们在未来的作为大学教授的职业生涯中，讲授工程伦理学（《课程提纲》参见网页：http：//www. ece. osu. edu/ ~ passino）。

第三种挑战，工程伦理学的教学和研究目标是什么？应致力于使学生把握工程师共同的道德责任；同时，也应该提供给他们工具，让他们能自己思考道德问题。具体的目标包括强化道德意识，提高道德推理能力，增强清晰地和具有说服力地交流道德观点的能力。总想对学生讲些大道理的做法，效果往往会适得其反。此外，课程在教学方法上应有助于培养学生尊重个人，宽容差异，保护环境，以及道德上的诚实。①

---

① Martin, Mike W. and Roland Schinzinger, Ethics in Engineering, 4th ed. , Boston：McGraw - Hill, 2005.

总结：工程伦理学研究发展趋向

工程伦理学的教学在美国正在成熟地确立起来。但是工程伦理学研究在未来将取何种方向呢？稳妥地说，工程伦理学将反思全球化经济时代围绕技术发展所关涉的所有主要的问题。位于所有这些问题列表顶端的是环境问题。在这里，工程伦理学将和环境伦理学连接起来。环境伦理学是一个相对年轻的"交叉学科"，但当前却吸引了所有的学术性学科的兴趣。（第一本研究环境问题的哲学杂志——《环境伦理学》，也是直到20世纪70年代才创立）连接工程伦理学与环境伦理学的一些开创性的工作已经展开。[1] 另外，专业伦理规范也开始加入保护环境的责任，例如，当前的美国土木工程师协会的伦理规范，就要求既提高人类的福利，还要求保护环境。但是，在此问题上依然是任重而道远。

同时，关于军事领域与和平研究的道德问题，也还需要深入地探讨。[2] 总体来看，工程伦理学与有着更为广泛的文献基础，旨在研究技术的道德蕴含的技术伦理学，将会日益加强彼此的联系。（这些研究通常是在STS的标题下进行的，STS是科学、技术与社会的简写，也就是科学和技术研究）根本上预测新技术及其产生的伦理问题，就像预测创造性一样是不可能的。[3] 谁又实际上哪怕是预言了一些20世纪中的激动人心的创新（以及由他们产生的道德问题）呢？正如国家工程院（the National Academy of Engineering）所总结的，这些创新包括：汽车和高速公路，飞机和航天器，计算机和互联网，电子和电气化，核电和激光，电视和电话，等等（见网址：www. greatachievements. org）。至多，对于普遍趋势的预测也仅局限在20年内的一段时间，以为如何训练新工程师提供一个合理的视野。[4]

最后，工程伦理也需要更加关注人类多样性的话题。我们已经研究了

---

① Vesilind, P. Aarne and Alastair S. Gunn, *Engineering*, *Ethics and the Environment*, New York: Cambridge University Press, 1998.

② Catalano, George D. , *Engineering Ethics*: *Peace*, *Justice and the Earth*, Morgan and Claypool, 2006; A. Aarne, Vesilind, *Peace Engineering*, Woodsville, New Hampshire: Lakeshore Press, 2005.

③ Martin, Mike W. and Roland Schinzinger (ed), *Ethics in Engineering*, 4th, Boston: McGraw – Hill, 2005.

④ National Academy of Engineering, *Education the Engineer of 2020*: *Adapting Engineering Education to the New Century*, Washington D. C. : National Academies Press, 2005.

一些这方面的问题，却很难解决，诸如如何鼓励更多的女性和少数群体的成员进入和留在工程领域。同等重要，却依然被人们所忽视的，是与工程相关的世界性的贫困问题。正如对所有的全球性论题一样，工程师们不会有一致的意见，但是他们的声音却需要聆听。并且这些声音也需要代表整个人类全体。正如上面所叙述的，美国的工程伦理学是与西方的伦理学理论和道德传统联系在一起的。但我们正开始认真地尝试在工程伦理学问题上发展起跨文化的道德视野，借此把西方的道德传统与中国及其他的主要道德传统联系起来。

第五节   工程风险的伦理评价 *

现代社会已经是一个风险社会，风险似乎已经成为现代社会的特性之一。德国社会学家 U. 贝克（Ulrich Beck）在其著作《风险社会》（*Risk Society*）① 中指出，他深深地被作为"人类史上的灾难"的切尔诺贝利核灾难所震惊，并认为人类常常仅当一个重大事故——如切尔诺贝利或三哩岛核灾难发生时，才认识到我们处于一个危险的世界中。而其中，工程类风险似乎更为严重和突出，已经对人们的生命安全和健康带来了极大的危害。据统计，2007 年我国全年生产安全事故死亡高达 101480 人，2008 年全国安全事故总量和伤亡人数略有下降，也造成 91172 人死亡。② 其中，如 2007 年 4 月 18 日，辽宁省铁岭市清河特殊钢有限公司发生钢水包倾覆特别重大事故，造成 32 人死亡、6 人重伤，直接经济损失 866.2 万元。2007 年 8 月 17 日，山东华源矿业有限公司发生溃水淹井事故灾难，造成 172 人死亡。2008 年山西襄汾"9·8"尾矿库溃坝事故遇难达 276 人，直接经济损失近千万。美国著名工程伦理学专家 M. 马丁（Mike W. Martin）曾指出："工程是社会实验，是涉及人类主体在社会范围内的一个实验。"③ 而在此实验过程中，从实验之初的可行性论证，到工程设计和施工建造，再到工

---

　*　本文原载《科学技术哲学研究》2010 年第 2 期。

　①　U. Beck, *Risk Society*, London Sage, 1992.

　②　http://www.anquan.com.cn/Article/Class13/Class18/200901/104658.html.

　③　Mike W. Martin, Roland Schinzinger, *Ethics in Engineering*, Boston：McGraw – Hill, 2005, p. 89.

程维护与保养等全过程都可能存在着各种风险，工程风险伴随着工程过程的始终，并对人类的生存安全构成了威胁。所以，关注工程风险，维护工程安全，就成为工程师工程活动中的基本目标和要求。美国工程师职业协会（the National Society of Professional Engineers，NSPE）伦理规范第一原则规定，"工程师在工程活动中应该把公众的安全、健康和福祉放到至高无上的地位。"① 美国大部分工程师协会的工程伦理规范都把人类的安全、健康、福祉作为第一条原则规定放到首位。可见，保障安全已是工程师在工程活动中的基本义务和责任，但工程师却经常在工程安全方面遭遇伦理困境。

一　伦理困境之思：责任冲突

现代工程活动日益复杂化，涉及更多的利益团体，相应的工程事故和风险的责任承担问题也显得更为复杂。这些责任只应由工程师来承担吗？工程师自身能够承担起吗？邦格提出过这样的"技术律令：你应该只设计和帮助完成不会危害公众幸福的工程，应该警告公众反对任何不能满足这些条件的工程"。这一律令似乎也适合于工程技术管理者（投资者）和政治决策者（政府官员），只需将其中的"设计"变通为"执行"和"批准"。公众在这里也负有责任，如他们对科技的可能结果是否关注、对危险的科技活动是否形成了足够的压力，以及以消费者及用户的身份对科技产品形成什么消费指向。② 工程活动中的各类工程共同体都应该对工程活动（包括过程、影响与后果）负有责任，而且这些责任也交织在一起（intertwined responsibilities），使得责任承担更加复杂。③

关注工程风险，维护工程安全，作为工程活动主体的工程师，在工程设计、工程建造和生产、工程维护和保养阶段都扮演着重要角色。同样，其他工程共同体也扮演着不可替代的角色，承担着无可推卸的责任，他们与工程师一起共同维护并促进工程安全，这是他们责任相一致的一面。然而，工程师与其他工程共同体在对风险的关注上，也存在着不一致，甚或相互冲突的一面。

---

① ［美］查尔斯·E. 哈里斯、迈克尔·S. 普里查德、迈克尔·J. 雷宾斯：《工程伦理：概念和案例》，丛杭青、沈琪等译，北京理工大学出版社 2006 年版，第 298 页。

② 肖峰：《略论科技元伦理学》，《科学技术与辩证法》2006 年第 5 期，第 11 页。

③ 张恒力、胡新和：《工程伦理学的路径选择》，《自然辩证法研究》2007 年第 9 期，第 49 页。

　　在工程设计阶段，工程师作为工程设计的主要承担者和执行者，设计符合工程规范、建设指标和法律规定的设计图纸或样图，既是其职业规范的要求，也是雇主利益的要求。然而，工程师与雇主（包括管理者）在关于设计的许多问题上存在冲突。首先，在设计标准的选择上，可能存在多种设计方案。在设计标准的选择中，工程师可能偏好于选择风险较小、安全系数更高的设计方案，而雇主则偏向于安全系数稍低，但能够降低成本，带来更多经济效益的设计方案，而在许多情况下，这两种甚至多种方案是矛盾的。其次，在设计后果的关注上，由于许多设计产品的影响是潜在的、未定的，而且可能是长期的，工程师可能更关注产生安全问题的可能性，在态度上更为保守，在技术设计时更强调遵从设计标准和工程规范要求；而雇主则更关注获得更多经济效益，在态度上更为开放，在技术设计的选择上可能要求工程师采取违反或者间接违反工程规范或标准的设计方案。这就造成工程师在工程设计活动中在风险关注时面临着是遵守职业伦理规范和工程标准，还是服从于、忠诚于雇主的冲突。

　　在工程建造和生产阶段，工程师着眼于工程材料的选取、技术方案的选择、对施工的进展进行监督以保证工程的安全质量。然而，在此活动中，工程师一方面需要对于雇主负责并履行职业义务，监督工程实施过程，检查工程是否按照工程标准施行，保证工程施工的质量；另一方面，雇主或管理者可能要求工程师漠视或忽视工程标准的执行，可能降低工程施工标准或者偷工减料。同时，为了赶超工程进度，雇主可能要求工程师修改工程施工标准和进度计划，以保证工程按期完成。这时，工程师面临着是服从雇主的命令和要求，还是忠诚于职业规范和工程标准的冲突。服从前者，可能得到晋升或加薪，而同时却可能违反了职业准则；服从后者，当然会得到职业认可或认同，但却可能有被解雇或失业的危险。

　　在工程维护和保养阶段，工程师的任务包括继续关注工程产品对社会或环境造成的影响，发现并报告可能的风险，包括可能带来的公共安全、健康和环境等问题。在这一阶段，工程师有义务和责任对于工程产品的缺陷和问题加以改进，并向管理者汇报可能的风险，要求管理者召回或回收产品。但是，管理者（或者雇主）可能由于资金、收益等方面的考虑，忽视或压制工程师的想法和建议，甚至要求工程师保守秘密。这时，工程师就可能面临着最为尖锐的冲突，一方面，认识到工程产品造成的可能危害，需要通过一定的渠道和手段汇报或报告风险给管理者，从而降低风险，减小危害，同时尽可能回收产品；另一方面，也认识到这种举措极可能遭到雇主或管理者的反对和质疑，违背了雇主的利益。因此，工程师需要在遵守职业规范，保护公众安全与遵从雇主要求之间再一次做出选择。那么，工程师为什么会在关注工程风险、维护工程安全问题上遭遇如此之多的伦理困境呢？

二 伦理困境之因：主观客观

工程师在工程风险关注上遭遇到伦理困境或伦理问题，既有客观方面的原因，如工程安全方面（工程风险的潜在性、不确定性、长远性）的固有特性，以及工程活动本身的复杂性、长期性和变化性等特征；也有主观方面的原因，如工程师与管理者角色与身份的差异，造成他们对工程风险认识存在差异（甚至与普通公众对于风险的认识存在差异），而由于工程师自身知识的有限性，也造成在评估和降低风险方面困难重重。这些因素一方面可能造成工程安全问题；另一方面也促使工程师在风险关注上遭遇伦理困境。[①]

正如贝克在《风险社会》中指出，我们已经进入了风险社会，这样一个社会无时、无地不充满着风险。在现代社会中，工程的实施范围广、单项规模大、涉及领域多，造成的工程风险也更为复杂、长期。例如，一项工程项目的实施，从"内部要素"来看，它包括了立项、设计、实施和运行等多个阶段，每个阶段都涉及许多科学原理的运用和众多技术的集成。从"外部关联"看，工程不仅与科学、技术密切相关，而且与社会、经济、环境、生态和伦理的关系也很紧密。所以，无论从"内部构成"还是"外部关联"来看，涉及的工程风险因素很多。与此同时，工程风险的产生，包括从隐患的出现到安全事故的爆发可能有一个过程，而消除工程安全事故

---

① 造成工程安全问题的因素很多，如施工现场的安全设施是否齐全是否配套、采用的工艺技术是否合理，以及照明、通风情况等都会给安全生产带来隐患；安全管理体系是否完善、安全管理人员是否足够，现场职工是否得到应有的安全培训；安全防护措施是否被减少等。这些因素或许不一定是造成工程师在安全关注上伦理困境的原因，但在一定意义上可以说，它们即使不是造成工程师在关注风险上伦理困境的直接因素，也间接促成了工程师在关注风险问题上的伦理困境。

的影响更需要一个较长的时间。[①] 例如"切尔诺贝利核灾难",对于承受风险的人和地区所产生的危害难以计算,而且这种影响不仅包括受害者本人,还可能遗传给下一代或几代人。所以,工程风险的这种长期性、潜在性特征,不仅使得工程风险难于评估,而且也促使工程师与管理者对于风险的认识产生重大的差异,造成在风险责任的承担上带来责任模糊。

　　工程师与管理者对于风险认识的差异,在工程项目中是非常明显和深刻的。例如,在"挑战者"号灾难发生之后,科学家 R. 费曼(Richard Feynman)会见了一些 NASA 的官员、工程师和管理者,调查他们对于 O 型环风险的认识。在调查过程中,费曼受罗杰斯审查委员会(Rogers Commissions hearings)委托做了一个试验,他把 O 型环放到冰水瓶中,发现调压器失败的概率预测是从十分之一到十万分之一。根据费曼的解释,在亨茨维尔(Huntsville:美国得克萨斯州中部偏东的城市,位于休斯敦市以北)的 NASA 工程师主张失败的概率是三百分之一,而火箭设计者和建造者认为是万分之一,一个独立的顾问公司认为是百分之一或百分之二,而在肯尼迪发射中心 NASA 的安装人员认为失败率是十万分之一。实际上,根据许多分析,成功只能说明失败的一种更大的可能性,所以,最终在 NASA 中,许多管理者预测了一个非常小的失败概率——十万分之一。每次成功的发射就被说明为下次发射的风险降低,并且在 24 次发射成功后,对于失败的概率预测会变得更小。[②] 我们发现如同对于发射失败的这些冲突性的统计,每种职业者处理同一或相似数据的方法是不同的。这些冲突性分析或认识,部分是由于对如何解释统计的可预言性的理解不同,同时也是由于角色责任不同或者最起码管理者和工程师的角色责任的不同认识造成的。一般认为工程师是微观的(microscopic vision)观点,即从技术观点来认识风险,考虑从风险与风险之间取得平衡;而管理者则常被描述为"宏观上"(big picture)的观点,考察总体上的条件、事实和利益,考虑收益与风险、成本与风险的平衡。所以,对于风险认识的这种差异,造成了工程师与管理者在风险态度上的冲突,直接促使了伦理困境的产生,即

---

① 赵文武等:《工程安全与工程安全人才培养》,《中国安全科学学报》2006 年第 1 期。

② Patricia H. Werhane, Engineers and Management: The Challenge of the Challenger Incident, *Journal of Business Ethics*, 1991 (10): 605—616.

是服从和忠诚于管理者的规定和命令，还是遵从职业操守，谨慎从事。

同时，由于自身知识的有限性，工程师对于工程风险认识的狭隘性和偏好性，都有可能造成工程风险的加大和伦理困境的加强。而这种知识的有限性，一方面为工程师自身的专业背景所决定；另一方面也是由于整个社会的科学进展和认识水平决定的。同时，工程还涉及许多项目和环节，更涉及许多技术的集成和创新，这些都可能产生不可预测的影响和关联，从而产生多种风险，使风险系数加大。工程师仅作为某个专业甚至是专业方向上的研究专家，对这些风险的认识无疑也是有限的。此外，由于工程师的生活习惯、个体秉性和家庭背景的不同，以及研究爱好的影响，对风险的认识也会产生认识上的偏向，这种偏向在很多情况下是不可避免的。① 这种偏向有时会有助于降低风险，有时候，则可能加大风险。这种对风险认识的缺陷与偏向，对于直接受到风险影响的公众来说是不公平的，因为公众对工程风险也有知情同意的权利。所以，工程师需要了解和明确公众对风险的认识，以及他们对风险的可接受程度（工程师有义务保护公众的安全和健康），同时工程师也需要了解管理者对风险的认识（工程师有义务服从管理者的规定，忠诚于雇主），但是工程师对风险认识的这种偏好与狭隘，极为可能加大协调公众风险与管理者风险之间冲突关系的难度，从而促使他们面临着更大的认识困境和伦理困境。

无论工程师与管理者对风险的认识存在何种差异，他们都在一定条件上受到组织文化的影响。而这种组织或者制度文化对于伦理问题的争论扮演着非常重要、有时甚至是决定性的角色。② 在一定程度上，工程师在安全关注上伦理困境产生的根源来自于组织文化。一个明显的事例，是在讨论航天飞机"挑战者"号的 O 型环问题时，莫顿—聚硫橡胶（Morton – Thiokol）的 J. 莫森（Jerry Mason）对寒冷天气做出的回应，由于害怕他的工程副主席 R. 兰德（Robert Lund）的"摘掉你工程师的帽子，戴上你管理者的帽子"③。

---

① Wynne, B., Uncertainty and Environmental Learning, *Global Environmental Change*, June, 1992a, pp. 111 – 127.

② Christopher Meyers, Institutional Culture and Individual Behavior: Creating an Ethical Environment, *Science and Engineering Ethics*, 2004（10）: 269 – 276.

③ Werhane, P., *Moral Imagination and Management Decision Making*, New York, Oxford University Press, 1999, p. 49.

这简单的一句话，莫森按照其组织的基本文化标准，履行了公司规范，同时也就造成了这场灾难。所以，如此的组织文化会造成管理者或者雇主对工程安全或风险关注的漠视或忽视，也在一定程度上使工程师在关注安全问题上受到压制；同时也可能造成工程师与管理者对风险问题认识产生冲突和分歧，使工程师处于一种艰难的地位：过于关注安全问题，有可能遭到管理者的反对，更可能受到组织文化的抵制和不认同，甚至更可能因此而被解雇；而不关注安全问题，则违反职业规范，可能承担安全责任，更可能使自己的良心不安。而对于处于伦理困境的工程师们来说，如何才能妥善地解决伦理困境，尽可能消除风险，更好地促进工程安全呢？

三　摆脱困境之策：协商参与

工程师在关注风险上伦理困境的消除，不仅需要提高工程师自身处理风险的能力，还需要提高其道德敏感性和处理伦理问题的技巧；同时，也需要加强管理者对风险问题的认识，重视工程安全的制度和组织文化，促进工程安全文化的发展；更需要尊重公众对风险的知情同意的权利，促使公众参与到对工程安全的关注中来。

首先，加强风险管理，促使管理者和工程师对风险认识趋于协调一致。在风险管理上，不仅要完善风险管理的制度化建设，而且需要加强风险管理的法制化建设。前者使管理者重视风险问题，增强安全意识，并且制定规范化、可操作化的管理程序；后者则需要加强安全法规的建设和实施。例如我国已经制定的《中华人民共和国安全生产法》《中华人民共和国建筑法》《建设工程安全生管理条例》《安全生产许可证条例》等法律法规，以及2007年底出台的《中纪委出台解释惩戒安全生产违纪行为》都能够促使风险管理更加具有权威性和可操作性。因此，工程师在风险问题关注上不仅能够依赖于职业规范，更能够依据相关的安全法律法规。在风险管理方法上，需要管理者在风险问题上，不仅仅能够从成本、收益和风险方法进行分析，不仅仅依据工程进度、工程成本进行考虑，而且更需要考虑可能造成的技术风险以及安全隐患、工程危害等；与此同时也需要工程师不仅仅提高工程技术水平，关注可能造成的风险，也需要关注和衡量所需的成本与收益，努力使这种风险规避与收益能够达到一种相对平衡的状态。更为关键的问题是，工程师与管理者需要经常地协调对风险问题的认识和安全关注上的差异，争取能够在对此问题的认识上达成一种共识，减小工程师在关注工程安全问题上的压力和阻力，尽可能地消除因与管理者冲突而造成的伦理困境。

其次，提高工程师的工程设计能力，降低并消除工程风险。为了更好地降低和消除风险，工程师在设计产品时必须考虑安全出口（safety exit），也就是（1）它可以安全地失效；（2）产品能够被安全地终止；最起码（3）使用者可以安全地脱离产品。[①] 而这样一种安全出口的设计关注，在一般的工程设计中，必须符合四个方面的设计原则[②]：（1）固有的安全设计（inherently safe design）。即在设计过程中尽可能地降低内在的危险。例如，危险的物品要被较低风险的物品所取代，并且当首选使用危险的物品时，也需要有一个防护性的过程。如用防火材料来取代易燃物品，并且在使用易燃物品时要保持低温。（2）安全系数（safety factors）。结构应该坚硬到足够抵抗住超出预想的一定负载量和干扰量。例如，在修建一座桥时，如果安全系数是2，那么桥就被设计成可以承受住它实际设计最大承载量的两倍。（3）负反馈（negative feedback）。引入负反馈系统，在设置失败或当操作者操作失控的情况下，系统会自动关闭。例如，在蒸汽锅炉中，当压力过高时，安全阀就放出蒸汽；或当火车司机打盹时，自动抱死把手（the dead man's handle）就会停火刹车。（4）多重独立安全屏障（multiple independent safety barriers）。安装一系列的安全屏障，目的是使每个屏障独立于它的前者，以至于第一个屏障失效了；第二个屏障依然不受影响等。例如第一个屏障是用来预防事故，紧接着下一个屏障就是限制事故的结果，并且把最终挽救设置作为最后的求助手段。当然，工程安全设计是多方面的，以上四个原则只是核心原则，同时还需要加强操作者的培训、保养设备和装置，及时报告事故也是安全实践中重要的手段。这种降低工程风险的安全设计，在一定程度上会自动地消除工程师与管理者在风险问题上的冲突。

再次，促进公众参与，保护公众对于风险的知情权。由于工程风险的

[①]　Mike W. Martin, Roland Schinzinger, *Ethics in Engineering*, Boston：McGraw - Hill, 2005, p. 142.

[②]　Sven Oven Hansson, Safe design, *Technè* 10：1 Fall, 2007：43 - 50.

潜在性、长远性，以及工程师对于风险的认识和把握的有限性，必须保证承受风险的普通公众有知情同意的权利。正如马丁所指出，工程师的一个基本义务是保护人类主体的安全和尊重他们同意的权利。① 这就要求工程师在工程活动中，一方面必须告知受到风险影响的公众所需要的信息，让他们获得能够做出合理决定所需要的所有信息；另一方面，承受工程风险的公众应当是自愿的，而不是服从于外力、欺诈或欺骗。例如，北州电力公司（隶属明尼苏达州）计划建立一个新的电厂，在它把大量的资金投入预制设计研究之前，首先与当地居民和环境组织相联系，提供充分的证据来表明需要建立一个新的电厂，并建议了几个可选择的地点，由当地居民群体对他们建议的地点做出回应，最后公司再协调并选择多方都可以接受的计划。这种建立在受项目影响的群体的知情同意的基础上的方案避免了众多的潜在冲突。通过促使公众参与，不仅是尊重公众的知情同意权利的体现，也能弥补工程师在风险认识上的不足和知识有限的缺陷。同时，工程师能够把关注风险的信息和要求通过公众传递给管理者或公司，工程师安全关注可以通过公众来表达，减小了工程师与管理者在风险关注上的直接冲突。

最后，塑造工程安全文化，促使管理者更加关注和重视工程安全。"安全文化"（safety culture）作为提高安全的关键要素，一方面为职业资格和现存的标准提供了支持；另一方面也促使工程师能够关注风险，承担道德责任。同时，"安全文化"作为公司文化中的一种，与其他文化一起共同形成了公司的文化传统。② 然而，就组织文化的复杂本质而言，必须关注组织文化是如何建立并且运行的。其实，对公司文化最强有力的影响，通常都来自于执行者、领导者和管理者的愿景，而在小公司里则往往都是所有者的愿景。③ 因此，一般来说，公司文化主要受到管理者、领导者和执行者的强大制约和影响。而这种管理者主导文化的特征（或者说是一种独裁文化），在一定程度上可能压制和限制工程师对风险的关注，

---

① Mike W. Martin, Roland Schinzinger, *Ethics in Engineering*, Boston：McGraw – Hill, 2005：96.

② Shoaib Qureshi, How Practical is a Code of Ethics for Software Engineers Interested in Quality? *Software Quality Journal*, 2001（9）：153 –159.

③ Christopher Meyers, Institutional Culture and IndividualBehavior：Creating an Ethical Environment, *Science and Engineering Ethics*, 2004（10）：272 –273.

促使工程师或其他雇员完全服从于公司的利益和效益需要，而忽视对工程风险的降低和消除。所以，一方面需要促使管理者认识工程风险的危害性和严重性，重视并强调评估和降低工程风险；另一方面更需要建立一种开放和善于沟通的公司文化，形成一种有效而及时的沟通和交流系统，使工程师关于风险认识的意见和观点，能够通过组织程序汇报给管理者，促使两者对彼此的分歧和差异进行有效的交流。

第六节　工程社会稳定风险评估主体探析[*]

当今中国已进入贝克所说的"风险社会"，由各种大型工程项目风险引发的社会稳定问题更加突出，严重影响和破坏公众的安全、健康和福祉，成为我国社会发展和工程科技进步的一个重要问题。因此，关于工程项目社会稳定风险评估成为一项重要的举措。[①] 近年来，我国各个地区重大项目上马前和重大决策出台前进行社会稳定风险评估机制已在全国推广，但是，实践效果依然不是十分理想，许多理论问题和实践问题争论较大。其中，工程社会稳定风险评估主体性问题更成为核心性问题，也是风险评估科学、合理、公正的基础和前提，在某种程度上决定着工程社会稳定风险评估的成败。

关于谁究竟能够成为评估主体？在当前评估活动中，各个地区和机构都在进行相应的探索，认为主体是政府部门，或一些工程咨询机构，抑或是在政府主导的基础上形成的政府部门、利益相关群体、人大、政协成员等参与的评估机构等。这些主体在评估活动中都受到了一定的质疑和抵制，严重地影响了评估效果。在工程社会稳定风险评估活动中，主要涉及两个主要层面的问题：一是技术风险评估；二是风险后果对社会稳定影响的评估。前一评估是主要考虑技术发展过程、后果与影响的评估，这一评估结果为后一评估的前提和基础；后一评估是依据前一评估的结果，更多考量社会相关要素对社会稳定进行的一种评估。从两者关系中，我们发现

---

[*] 本文原载《自然辩证法通讯》2016 年第 6 期。

[①] 相关文件详见《国家发展改革委关于印发国家发展改革委重大固定资产投资项目社会稳定风险评估暂行办法的通知》《国家发展改革委办公厅关于印发重大固定资产投资项目社会稳定风险分析篇章和评估报告编制大纲（试行）的通知》等。

前一评估为后一评估的基础，后一评估也在推动前一评估持续发展，可以说两者关系密切，相互影响。结合评估内容、评估主体特征，以及相应的国际经验，我们认为这一评估内容决定了社会稳定风险评估的核心基础内容是技术风险评估。因而推进的评估主体既不是工程师个体，也不是政府相关部门，更不是相关企业公司，而应该是一个第三方组织，能够独立运行并承担责任的组织，能够具有优良工程专业背景、提供客观公正的风险判断，让公众信任和认可的组织，成为公众与企业、政府沟通、交流的平台。在这些角色中，工程职业协会成为最佳的评估主体。

本书结合工程社会组织的独立性、客观性和公益性三个独特特征，认为工程职业协会能够成为工程社会稳定风险评估最为合适或合理的评估主体。另外，在评估过程中，为了促使工程风险评估的结果更能够为社会公众所接受，变成可以接受的风险，达到一定意义上的安全，评估活动中需要遵守三方面伦理原则，即知情同意原则、利益和风险分配公正原则、预防原则。同时，在道德原则基础上，需要推进技术风险的识别、沟通，促进公众对工程风险评估结果的信任和认知。利用伦理周期，更为细致地审查工程风险带来的各种道德问题，达成一个多元道德反思的平衡，成为公众可以接受的工程风险，促使工程技术风险评估效用最大化，实现工程良性发展。

一　工程职业协会成为工程社会稳定风险评估主体的应有之义

工程职业协会，是工程师个体自发组织的产物，是工程师专业精英组成的团体。这些工程师对工程专业有共同的兴趣，对工程职业发展有共同的使命，并有着共同的职业理想和道德理想。工程职业协会也从原来的由工程师共同兴趣爱好而自发形成的组织，工程师信息交流的平台，逐渐发展成为一个促进形成职业判断、推动工程职业发展，制定工程职业政策和制度的社会组织。工程职业协会作为非政府组织（NGO）组织，既具有一般社会组织的共有特征，也具有自身的职业特色。工程职业协会逐渐形成了三个主要的职业组织特征：

（1）独立性，是工程职业协会存在和发展的前提和基础。从美国工程职业组织发展的历史来看，工程职业组织从诞生之日起，都在为职业自治的独立性而斗争。1852 年美国土木工程师协会创立，一直到 20 世纪初，这种在职业自治与商业利益之间的持续斗争促使美国各个工程职业组织产生，推进了美国工程职业化的形成。① 因此，独立自治的职业组织是职业发展的前提，也是形成职业判断、维护职业发展的内在要求。有学者对独立性提出三项可操作化指标：组织核心成员的官方背景、外部经济资源依赖、外部行政干预度，指标高意味着依附性强（独立性弱）。② 而工程职业协会的独立性也是进行客观公正的职业判断和促进公益活动发展的必要前提。

（2）客观性。工程职业协会根据自身的专业或职业分类，进行工程活动、工程评价、工程技术风险评估等活动时，能够依据专业判断，给出公正客观的判断依据。这些评估报告不仅仅包括判断依据的原因分析，还包括可能的后果或影响，以及相应的建议对策等。工程师职业协会成为一个中立的第三方角色，客观性是必然要求。比如，2008 年 1 月成立的中国安全生产协会，是安全工作针对性强的社会组织，它面向所有的行业和企业。中国安全生产协会有六个专业委员会，其中排在第一位的是煤矿安全生产协会。安全生产协会在促进煤矿安全生产管理与评估上发挥了重要的作用。③

（3）公益性，是社会组织或 NGO 的共有特征。公益性活动、公益性培训、宣传等，成为社会职业组织对外宣传塑造良好形象，对内增加增强凝聚的重要手段。这也是社会组织成为第三方的重要职能合理性的基础，扮演着政府和市场之间的第三方，完成着它们解决不了的许多难题。作为社会组织的工程职业协会或组织，公益性活动内容很多，比如对自身工程师的职业培训、对工程专业风险的认知的宣传等。这些公益性活动和公益性义务，也是许多社会组织扮演着在市场和政府之间一个推进社会发展的重要职能。特别在欧美主要国家，社会组织起到了重要作用。许多活动和工作基本上都是由社会组织完成的，比如慈善活动、职业培训、公众宣传等。

---

① Edwin T. Layton, *The Revolt of the Engineers: Social Responsibility and the American Engineering Profession*, Cleveland: the Press of Case Western Reserve University, 1971, pp. 28 – 45.

② 费迪、王诗宗：《中国社会组织独立性与自主性的关系探究：基于浙江的经验》，《中共浙江省委党校学报》2014 年第 1 期，第 20—21 页。

③ 来永宝：《论社会组织在煤矿安全生产中的作用——政府"大部门"改革背景下煤矿安全生产网络的构建》，《学会》2008 年第 11 期，第 18 页。

　　正是因为有了公益性特征，才使许多个体工程师或普通公众愿意相信社会组织，乐意加入社会组织。在这样的组织中，个体工程师找到了个体存在的价值，找到了知音和朋友，提升工程师个体职业技能；组织之外的普通公众逐步了解和理解工程职业组织，从而更多地理解和认识工程师、工程活动等。工程职业协会更多的公益性活动，促使公众更加合理地认识工程活动、工程师为人类造福的客观目的。这也有利于消除人们对工程技术负面影响的抵制，以及加强对工程技术风险的认知和理解。人们可能乐于相信工程职业协会做出的工程风险判断、评价，而不愿意相信个体工程师，或是政府部门乃至于哪个评估公司或企业做出的判断，这样的工程社会组织无疑会成为工程师与公众、工程师与企业，以及普通公众、企业、政府之间重要的桥梁，成为不可替代的重要角色。

　　反观工程职业发展历史，我们发现 20 世纪五六十年代，美国出现了对于现代技术发展的反思浪潮，以卡逊夫人的《寂静的春天》的出版为标志，人类开始关注日益严重的环境问题，推动了美国现代环境保护运动。其中一系列的工程事件，也促使人类对工程技术进行彻底的反思，以及对个体工程师的质疑，致使从 20 世纪七八十年代，美国工程师个体开始反思自身的责任，促进工程伦理学在美国的诞生。与此同时，工程职业协会也在推进一些相关工作，比如各大工程师协会也在整理和梳理工程职业发展的历史，证明自身存在的合理性和合法性，证明这一职业存在的价值和责任。同时，各个工程职业协会也在调整着它们的协会伦理规范，为工程师个体承担责任、推进技术发展、降低环境风险等问题做出了方向性的指导。这都反映出工程职业协会或团体在工程职业发展过程中，在工程活动中起到了非常大的作用。

　　而今天日益突出的工程风险问题、工程安全问题，在推进以技术风险评估为核心内容的工程社会稳定风险评估活动，不仅应该成为工程师个体推进技术发展、承担技术责任的个体责任，还应该成为工程师团体的工程职业协会的集体责任。工程职业协会作为一种 NGO，作为一个工程师个体形成的协会，如何在工程活动、工程职业发展中更好地推进工程风险评估工作，降低工程风险。笔者认为，个体工程师和工程职业协会都有义务大力推进技术升级、技术创造，或技术标准和规范的提升来从技术上缓解或消除技术发展的不确定性、潜在性而引发的技术性问题。

在技术推进发展降低风险的同时，在风险评估过程中，如何达到安全状态，成为一个可接受的风险。一般来说，可接受风险（acceptable risk）是否可以接受，需要考虑三个相关因素：（1）风险的知情同意程度；（2）风险收益超出损失和危险的程度；（3）风险和收益公平分配的程度。① 我们可以看出，风险是否可以接受，是否达到安全，就不仅仅是技术风险自身的问题，还涉及工程技术风险的认知与沟通、工程风险的利益与价值分配等问题。这时，工程风险的评估活动也并不仅仅是技术性活动，而更多地涉及的是道德问题。

二　工程社会风险评估遵循道德原则

大型工程项目在推进之前，进行相应的风险评估。判断风险是否可以被接受，一般有两个方面，一是进行技术上风险的科学判断，主要表现为技术风险，涉及四个方面：（1）排放评估；（2）暴露评估；（3）结果评估；（4）风险评估。② 二是一些伦理因素也成为风险可接受的重要因素，而这些因素在某种意义上成为工程社会风险评估考量的核心内容。这些因素也主要包括四个方面：（1）关于风险，知情同意的程度；（2）权衡高风险活动的利益和其不利因素及风险的程度；（3）可选择的降低风险的有效性；（4）风险和利益公正分布的程度。③ 因此，反思风险是否可以接受，不仅需要专业的科学技术知识，更需要伦理方面的专业知识。为了更好地反思这些伦理因素，促进风险的可接受性，需要关注以下三个道德原则：

其一，知情同意原则。当人们被充分地告知一些活动的收益和风险，如果他们自由地选择同意，那么这就表明这些活动是可以接受的。知情同意最初源于医疗实践，自从第二次世界大战之后，就成为包含人类主体实验的主导原则。④ 对于包含人为对象的药物实验，知情同意通常是法律要

---

① Ibo Van De Poel, Lamber Royakkers, *Ethics, Technology and Engineering*, Oxford：Wiley - Blackewell, 2011, p. 222.

② Ibid. , p. 244.

③ Charles E. Harris, Michael S. Pritchard and Michael J. Rabins, *Engineering Ethics Concepts & Cases*, Belmont：Wadswoth, 2009, pp. 138 - 144.

④ Caroline Whitbeck , *Ethics in Engineering Practice and Research*, Cambridge：Cambridge University Press, 1998, pp. 227 - 232.

求。例如，人为实验主体的药物试验，要定期公布在当地媒体上。对于其他的实验这可能并不是法律要求，但也应该被视为一个重要道德标准。根据这一原则，具体的操作主要有：应该告知关于实验的课题，它的计划、风险和潜在危险、不确定性和未知性，以及预期的利益。社会实验应该被民主合法的团体赞同。例如，它们可以是国会，也可以是由国会或政府掌控的政府团体。实验课题应该有一个关于实验的计划、执行和停止的合理说明。实验对象，特别是在实验中遭受危险的对象，应该要么不让他进入实验，要么就应给予额外的保护。实验应该要在不同组群和不同辈人之间公平地分配利益和风险。① 美国工程伦理学家马丁（Mike Martin）认为工程也是一项社会实验②，我们人类都是这一实验的实验品，那么，对于普通公众而言，知情同意原则也就成为今天风险社会风险起源的一个重要因素。公众没有被告知或了解这些风险，他们自觉不自觉地成了这些大型工程项目的社会实验品，才造成了各种各样的公众争论、反抗或抗议，造成社会风险加大。通过征得每一个潜在的承受风险人的同意，知情同意也被应用于技术发展之中。美国福特平拖车案例就是知情同意的一个典型案例，公众并不知道平拖车油箱设计的安全隐患。福特采用的方法是成本与收益分析方法，而把消费者排除在外了，消费者却是这一风险设计的潜在的受害者，他们知情同意的权利并没有得到保护，所以福特最终被消费者告上法庭，被判处罚巨额罚款以赔付消费者。

其二，利益和风险分配公平原则。我国许多工程类社会风险的产生因素中，其中重要原因是风险和收益没有公平分配，获益最大者往往能够是风险较小的，引起了公众的不满，带来社会不稳定。这一原则包括两个方面，一是在风险面前人人平等。也就说，每个个体在风险方面都应该被平等对待。为了促成风险平等，需要设置一定的标准，在这个风险标准方面是平等的。当然这只是理想状态，在工程实践中，风险标准平等并不意味着面临着等同的风险。比如，厦门 PX 项目案例及一些其他的工程项目中，普通公众、工程师、项目承包商以及受益人在对于 PX 项目带来的风

---

① Ibo Van De Poel, Lamber Royakkers, *Ethics, Technology and Engineering*, Oxford：Wiley - Blackewell, 2011, p. 243.

② Martin, M. W. and Schinzinger, R., *Introduction to Engineering Ethics*, New York：McGraw - Hill, 2000, pp. 72 - 79.

险面前并不是均等的。普通公众、部分工程师等需要承受因 PX 项目带给当地潜在而长期的环境风险，使身体健康受损、自然环境破坏，而项目受益者、项目承包商却可能离开此地而不经受任何风险并且获益最大。荷兰工程伦理学者波尔（Ibo Van De Poel）分析指出尽管康德第一律令支持这一原则，这预示着一种平等原则。但是，在工程活动中，工程选择的功利主义后果往往是风险和收益的折中，趋向于风险较小化而收益最大化，而并没有选择风险平等或风险最低的状态。① 利益与收益均衡原则的第二个方面是在风险平等的基础上，收益和风险是否公平分配。这也是风险可接受方面一个重要的伦理要素，高风险活动的风险与利益分配的公正程度。这里涉及个体风险和集体风险问题。在个体风险方面，人们不会选择由管理者，通常是政府替他们做出的可接受的风险。无论风险大小，个体能够自我决定是否接受这一风险，这也是个体道德自主性的重要表现。由于工程活动的复杂性，特别是现代技术风险带来的各种不确定性因素以及潜在的损害等，普通公众个体对于这些风险都保持着紧张状态和警惕意识。即使已经告知他们各种风险以及风险评估报告，他们都可能承认或不信任这些风险报告。所以，需要充分征求普通公众对于风险的意见和建议，特别是对于可能的收益和风险要尽量清晰地说明，在知情同意的基础之上，让公众个体去判断他们的选择的收益和风险，而不是管理者或有关部门代替他们做出决定。在集体风险方面，主要涉及一些自然灾害带来的较大风险，比如洪涝灾害，这时风险的受害者不仅仅是工程项目的相关人员以及普通公众，更可能是其他人，需要集体决定什么风险是可接受的。但是这种集体决定，也需要一定的程序和标准，而不是任意的集体随意的决定。②

其三，预防原则。如果可能存在一定的危险，尽管事实上这个危险不能完全被科学地证实，但也必须采取预防措施。预防原则最初源于《里约宣言》，1992 年在里约热内卢举行的第一届联合国可持续发展大会上最终陈述为"为了保护环境，各国应根据自身能力广泛应用预防方法。当面临严重的或不可逆的伤害威胁时，不能把缺乏完整的科学确定性作为推

① Ibo Van De Poel, Lamber Royakkers, *Ethics, Technology and Engineering*, Oxford: Wiley-Blackewell, 2011, p. 234.

② Ibid., p. 235.

迟成本效益评估去防止环境退化的理由"。① 萨丁（Per Sandin）认为，预防原则作为一个规范原则包含四个方面：如果这里（1）有威胁，（2）是不确定的，那么（3）某些行为，（4）应该是强制性的。② 预防原则被应用于转基因技术和纳米技术。1998 年，欧盟对新的转基因生物发出了事实上的禁令。今天纳米颗粒已经被广泛应用于电子产品、体育用品等方面，但是它们也隐含着潜在的危险，纳米颗粒的毒性可以通过细胞培养测试或动物测试，或其他小颗粒进入人体，而我们对其不可降解的潜在危害并不十分清楚。所以，哲学家维克特（John Weckert）和摩尔（James Moor）建议将预防原则应用于纳米颗粒风险中，并指出需要共同的努力来确定其对环境和健康产生的风险，并尽可能地减慢产品发展直至产品威胁能够被恰当地评估。③ 荷兰健康委员会也指出，在这些颗粒变成产品和大规模地进入市场前，它们的有毒性应该被合理地调查。④ 我国目前对转基因技术和纳米技术的产品等审查和评估工作显得不够深入，对转基因和纳米技术的危害和风险宣传不够广泛，我们进行的预防措施和原则都没有充分利用，造成我们在这些工程技术方面面临更大的风险。

三　工程社会稳定风险的对策建议

在推进技术进步和技术革新降低风险的基础上，促进工程风险的识别、沟通和协商，成了促进风险成为可接受风险的重要举措。根据风险评估等的三个道德原则，在工程活动中，降低风险、加强沟通，促进公众参与工程、参与工程风险的对话、协商，进而在工程的风险和利益分配上能够达到相对平衡点，促使风险从某种意义上说成为相对意义上的安全。这就会大大地降低工程风险引起的社会稳定问题。

---

①　《里约宣言》第 15 项原则：http://www.un.org/documents/ga/conf151/aconf15126 - 1annex1.htm.

②　Sandin, P., Dimensions of the Precautionary Principle, *Human and Ecological Risk Assessment*, 1999, 5（5）：889 - 907.

③　John Weckert and James Moor, J., The Precautionary Principle in Nanotechnology, Fritz Allhoff, Patrick Lin, etc., *Nanoethics：The Social and Ethical Implications of Nanotechnology*, Hoboken：John Wiley & Sons, 2007, pp. 133 - 135.

④　Health Council of the Netherlands, *Health Significance of Nanotechnologies*, Health Council of the Netherlands, The Hague, 2006, p. 15.

其一，风险识别。认知风险，促进公众等工程利益相关者理解风险。明确影响风险认知的诸多因素，马丁总结出影响公众风险认知的六个重要因素。风险（认知）意愿；活动和技术的预期收益所带来的风险和这些影响的分配；最大化引发负面影响和这些影响的可控性（社会毁坏的程度）；风险是与环境相关的，与其他环境相比较，很多人预测与工作有关的危险会较小；近距离的和可见的风险，比起较远的，或较不可见或想象的风险，更近的风险通常被认为是更大的危险；表达风险和测量风险的方式。[①] 再根据道德原则，促成风险成为可接受的风险，这一可接受的风险对象主要是普通公众。对于普通公众而言，识别风险、认识风险，成为维护自身知情同意权利的非常重要的步骤。如何识别、认识风险，需要明确涉及风险的诸多要素。公众要达到识别、认知风险的水平，需要相关机构的风险沟通，这一重任无疑落在了工程职业协会组织的肩上。对于工程师个体来说，工程师个体受雇于相关公司企业，会直接导致公众的不信任。而政府部门则是现行许多工程的管理和操作部门，公众对此的信任程度也大大降低了。那么，相比较而言，独立于政府部门之外的公益性社会组织特别是工程职业协会需要从后台走向前台，具备一定的组织优势和话语权，加上其突出的专业特征，在现行体系下，工程师职业协会应该成为工程风险识别、认知或宣传最为重要的机构。在关于工程风险的识别、认知和宣传活动中，在公众信任优势的基础上，一定需要做出客观、公正的科学风险分析报告，而且同时明确公众合理的利益和价值诉求，使公众真正地把其当作代言人，促成工程风险沟通的顺利进行，进而降低以工程风险为内容的社会稳定事件的发生。

其二，建立工程风险利益和风险协调机制。在风险识别、沟通基础上，公众、工程师、工程管理者、相关承包商，以及其他利益相关者，在利益和风险的分配上进行合理而公正的分配，承担较大风险者必然获益较多。工程职业协会充分利用自身的专业和沟通优势，促进公众参与工程、理解工程，明确公众对于工程项目的利益表达以及对于风险的认知。在此基础之上，充分协调各个参与主体在工程风险和收益上的立场和观点，多

---

① Martin, M. W. and Schinzinger (ed.), *Ethics in Engineering*, 3rd, New York: McGraw - Hill, 1996, pp. 134 - 137.

次组织会议和商谈，促使其在工程风险和收益方面达成较为一致的均衡。例如，在 20 世纪 70 年代，美国拟在阿拉斯加修建一条很长的输油管道，管道穿过了因纽特人的生活区域。但是，仅仅是政府有关部门进行了相关的风险评估，认为环境风险等较小，可以开工上马。但是却遭到了爱斯基摩人的强烈反对，工程先后延期 20 多年。其中的主要原因是没有进行充分的风险沟通，没有广泛地征求当地居民的意见和建议，也没有尊重当地公众的利益和风险的表达诉求。后来加拿大也进行了类似的工程，但是开工之前，就广泛征求当地居民意见和建议，可是工程还是在十年后才上马。一项工程技术的决策、设计、运行和管理乃至后来的维护和报废等过程，都需要充分地尊重公众对风险的知情权，并充分理解他们对这项工程技术的认可度和了解度，特别是对工程风险与收益的公平分配程度，从这一意义上看，顺畅、科学合理的沟通机制成为工程社会风险降低的重要制度。

其三，在风险识别认知和沟通基础上，特别在风险和收益公平分配之下，普通公众和相关机构可以根据相关理论形成自我的关于风险是否可以接受的道德和价值判断。为了促使这一判断更加合理，荷兰工程伦理学者波尔引入了"伦理周期"，通过对道德问题进行一个系统而全面的分析而构建和完善道德决策的一种方法。这将有利于形成一个道德判断并证明最后道德决策的正当性。它是构建和完善道德决策的一个有效的工具。① 即具体步骤见表 1—3。关于风险认识问题而言，在形成道德问题的基础上，根据各种伦理理论，以及相关的案例事实，逐步清晰或明细在风险上的道德问题，而后经过系统的论证，逐步形成自我论断。具体来说，这一模型包括五个步骤：1. 形成道德问题；2. 根据利益相关者、他们的利益、价值和事实，分析问题；3. 借助于策略，如非黑即白策略和合作策略，识别和设计行为选择；4. 借助于各种伦理框架，对各种行为选择进行伦理评估；5. 对评估阶段的结果进行反思，最终经过充分讨论选择其中一个

---

① Ibo Van De Poel, Lamber Royakkers, *Ethics, Technology and Engineering*, Oxford：Wiley - Blackewell, 2011, p. 137.

行为抉择。① 工程社会组织在促成达到公众个体达成多元反思的平衡基础上②，进而促使工程各个利益相关者在关于风险问题认识上达成重叠共识③，并进一步地协商沟通，争取促成一个对于工程利益相关者都较为满意的解决方案。

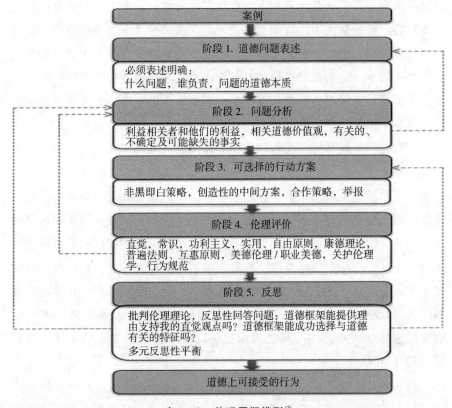

表 1—3　伦理周期模型④

四　结论

工程职业协会由于其独特的专业优势以及组织特点，在工程社会稳定

①　Ibo Van De Poel, Lamber Royakkers, *Ethics, Technology and Engineering*, Oxford：Wiley - Blackewell, 2011, p. 158.

②　Norman Daniels, Wild Reflective Equilibrium and Theory Acceptance in Ethics, *Journal of Philosophy*, 1979（5）：257 - 282.

③　John Rawls, *Political Liberalism*, New York：Columbia University Press, 1993, pp. 144 - 168.

④　Ibid. , p. 139.

风险评估中扮演着核心主体的角色，对于推进降低工程风险，推动公众参与工程，参与工程风险的对话和协作，维护社会稳定等方面起到重要的作用。然而，就我国工程职业协会的发展实践来看，严重制约了这一角色的发挥和作用的推动。我国工程职业协会与一般社会组织存在着许多共性而普遍的问题。首先，是工程职业协会独立性问题。许多工程职业没有建立职业协会，即使建立了工程职业协会，也在某种意义上说是政府的外派机构或延伸机构；另一方面，在经济上也过度依赖政府拨款，大部分工程职业协会隶属于一定的政府机构，财务收入主要来自财政拨款或政府部门给予的大量项目支持等；同时一部分工程职业协会的主要负责人也是政府机构的退休干部等。工程职业协会对政府相关机构或部门的过度依赖，造成其独立性受到严重怀疑。工程职业协会作为公共社会组织，其发展与角色定位关系密切。我国工程职业协会的独立性问题与美国工程职业协会发展存在较大差异。从欧美国家工程职业协会的发展历史来看，职业协会的独立性问题主要受到商业利益干扰因素很大，工程职业的独立性问题始终是工程职业自治与商业利益之间的斗争问题。可喜的是，我国政府机构现在大力推进社会组织的独立发展，在社会组织的等级制度、注册制度和评估制度等方面都进行了相应的改革和制度调整，相关政府部门也在推进社会组织走向社会。比如，民政部颁发《关于探索建立社会组织第三方评估机制的指导意见》①，对于推进当前社会组织成为第三方评估主体具有一定的指导意义。

其次，是工程职业协会的职业能力和操作水平问题。工程职业协会作为工程专业精英组成的核心群体性组织，专业水准和技术能力不应该受到质疑。但是，现代技术发展速度突飞猛进，技术带来的不确定性和风险极大。即使是工程职业人士以及团体也不能作出系统而明确的判断。另外，在工程实践中，可能由于受到各种利益或其他因素的干扰，许多工程职业协会不能作出客观公正的职业判断。即使工程职业协会角色独立，也作出了客观公正的专业判断，在工程风险评估实践中，这种判断的风险能否被公众和其他工程利益相关者所接受或认可依然是不确定的。这就需要工程

① http：//www.chinanpo.org.cn/index.php? m = content&c = index&a = show&catid = 10&id = 106.

职业协会作为风险评估主体，大力提升沟通技巧和能力，这里不仅仅涉及工程专业知识、工程风险评估标准等，还涉及社会学、心理学、伦理学等专业知识，以及一些其他谈判、交流技能，因此，工程职业协会在工程社会稳定风险评估活动中，这些工程技术之外的职业能力和技巧，成为工程风险评估活动的必要因素。

总之，工程社会稳定风险的降低，不仅是工程社会组织等评估主体的重要任务，也是工程其他利益相关者共同的目标。只有大力推进工程职业协会自身发展及其评估能力的不断提升，公众与其他工程利益相关者公共活动能力和风险感知水平持续提高，才能真正实现降低工程风险，保障工程良性发展，维护社会稳定，保障公众的安全、健康和福祉。

第二章　从社会责任到职业教育

——工程伦理教育方法与效果

第一节　福祉与责任——美国工程伦理研究*

美国工程伦理学自 20 世纪 70 年代产生以来，经过几十年的发展，已经比较成熟和规范，形成了相对完善的伦理章程与稳定的学术建制，促进了美国工程的良性发展。而深入地探讨与分析其历史背景与目的，发展过程与态势，不仅有利于我国工程伦理学的产生与起飞，更有利于促进我国工程的健康发展。

一　美国工程伦理学产生的境域与目标

技术已经对我们这个世界产生了深远而广泛的影响，而工程师在技术各个方面的发展上扮演了一个核心角色。工程师创造产品与程序来提高食物产量、加强植物保护、节约能源消耗、提速通信交通、促进身体健康以及消除自然灾害等方面，也给人类生活带来更多的便捷并增进美好。[1] 然而技术在带来益处的同时，也产生了环境破坏、生态失衡等负面影响，严重破坏了社会和自然环境，甚至危及人类自身的生存。正如以月球和星球的探索作为工程的胜利，而航天器"挑战者"号在 1986 年与"哥伦比亚"号在 2003 年的爆炸都是忽视技术风险的悲剧。所以技术的风险，不应该被技术的好处所掩盖，同时技术的负面影响也不是简单地可以完全预见，除了基本的和可预见的技术影响，也存在潜在的二次影响。因此环境、生态等问题将长期存在，并且

　　* 本文原载《哲学动态》2007 年第 8 期。

　　[1]　Mike W. Martin, Roland Schinzinger, *Ethics in Engineering*, Boston：McGraw-Hill, 2005, p. 1.

正在遭受伤害的人们也将长期受到危害。

这些技术的负面结果，在 20 世纪初、30 年代大萧条时期，以及七八十年代都引起了越来越多的批评。这些批评也对工程师的工作产生很大影响。一些工程师针对这种现状积极地进行辩护，对他们的工程活动从伦理角度进行深刻反思，这时工程伦理学应运而生。① 工程师通过强调工程的根本道德任务，试图加强和联合他们的职业，以此促进工程师的职业化进程。在工程师协会章程中增加一些伦理方面的要求，最明显的是几乎各大工程师协会的章程都把"工程师的首要义务是把人类的安全、健康、福祉放在至高无上的地位"作为章程的根本原则。同时全国工程师职业协会（the National Society of Professional Engineers，NSPE）设立了伦理审查委员会，积极鼓励工程师利用伦理理论来评估工程的各种活动。

工程伦理学的产生，促进安全和有用的技术产品并给工程师的努力赋予意义，也直接地增强工程师在工程中有效地处理道德问题复杂性的能力，增进工程师的道德自治，即理性地思考以道德关注为基础的伦理问题的习俗与技能。② 总之，工程伦理学以增进人类福祉为目的，加强工程师职业责任为手段，来规范与约束工程师的行为，提高其道德敏感性，从而更清晰并更仔细地审视工程中的伦理问题，消除道德困境。在美国国家工程院（National Academy of Engineering，NAE）有关 2020 年工程的报告中，指出伦理标准是未来工程师具备的品质之一③，也为工程师道德水平的提高与工程伦理学的发展指明了方向。

二　美国工程伦理学发展的特点与态势

在工程师与哲学家、律师、社会学家，以及对职业伦理感兴趣群体的合作推动下，工程伦理学取得很大进展，研究了大量的工程伦理问题，澄清了核心的概念，论证了特定的伦理观点，并促使美国工程伦理学呈现出新特点和新趋势，主要表现在以下三个方面：

① Edwin T. Layton, Jr., *The Revolt of the Engineers: Social Responsibility and the American Engineering Profession Baltimore*, MD: Johns Hopkins University Press, 1986.

② Mike W. Martin, Roland Schinzinger, *Ethics in Engineering*, Boston: McGraw-Hill, 2005, p. 9.

③ http://www.eetchina.com/ART_8800452044_480201_f4da1ed3200702.htm.

1. 研究对象的专一化、建制化

工程师伦理问题是研究的基础和重点。许多学者从多种角度分析并探究工程师的道德困境。总体来看大致分为三个方面：第一，是工程师与伦理的关系问题，虽然人们越来越重视工程中出现的伦理问题，但是许多工程师依然对伦理问题关注不够。肯奈兹·K. 哈姆佛瑞（Kenneth K. Humphreys）结合工程师在日常生活中所面临的伦理问题，指出工程师的伦理困境以及工程职业的伦理规范和伦理行为的法律必要性。① 艾德姆德·西巴尔（Edmund G. Seebauer）和罗伯特·拜瑞（Robert L. Barry）则认为必须明确在工程中道德问题的复杂性和道德责任，而工程师所面对的大部分道德议题都是来自于利益冲突，雇主与雇员的关系，环境意识，以及技术对人们的影响等，这些伦理问题也是不同的。② 第二，是工程师的责任问题，特别是社会责任问题成为关注的焦点。自从 19 世纪 60 年代以来，掀起了一场"社会责任运动"，并席卷了美国整个职业领域。作为发明创造的工程师更是由后台被推向了前台，成为社会责任的主要载体，从而备受瞩目。爱迪温·T. 莱顿（Edwin T. Layton）认为这不仅是工程职业的问题，而且是在合作的社会中寻求尊严和自由，更是现代社会一个普遍深入的主题。广大群体如科学家、管理者、工程师，以及其他公众也担负社会责任，才能使工程职业健康地发展。③ 技术哲学家斯代芬·H. 恩格尔（Stephen H. Unger）指出对于技术的后果，应用和发展技术的人应该负有责任。工程师对于技术的后果负有责任，并且他们的主要任务之一是要告知公众技术的可能结果；同时工程师作为一名雇员，缺少对履行任务所负道德责任的自治，所以需要管理部门、法院法律、工程协会来协调和处理这些问题。④ 但直到今天关于工程师的社会责任问题，依然是工程伦理学持续探讨的一个话题。第三，是关于工程师的角色冲突问题。在工

---

① Kenneth K. Humphreys, P. E. , Marcel Dekker C. C. E. , *What Every Engineer should Know about Ethics*, New York: Taylor & Francis, 1999.

② Edmund G. Seebauer, Robert L. Barry, *Fundamentals of Ethics for Scientists and Engineers*, New York: Oxford University Press, 2001.

③ Edwin T. Layton, Jr. , *The Revolt of the Engineers: Social Responsibility and the American Engineering Profession*, Baltimore, MD: Johns Hopkins University Press, 1986.

④ Stephen H. Unger（ed. ）, *Controlling Technology: Ethics and the Responsible Engineer*（2nd）, Hoboken: John Wiley and Sons, 1994.

程活动中，工程师角色是复杂的、多重的，作为雇员的工程师与作为管理者的工程师，对于风险、安全、忠诚的认识是完全不同的。亨利·派超斯基（Henry Petroski）认为工程师角色不是单纯地工程设计者，还有多种社会角色，其活动受到其他多种因素的影响和制约，所以，对工程师应该做什么的理解需要把握工程师相关角色的关系。① 而关于工程师未来角色定位，美国国家科学院、国家工程院在《2020 年的工程师：新世纪工程学发展的远景》中指出工程师应该成为：受全面教育的人，有全球公民意识的人，在商业和公众事务中有领导能力的人，有伦理道德的人。②

　　工程伦理教育是工程伦理学发展的途径，是培养工程师伦理道德的重要手段，并在一定程度上推动美国工程伦理建制化发展。1985 年，工程与技术认证委员会（the Accreditation Board for Engineering and Technology，ABET）要求美国的工程院校，必须把培养学生“工程职业和实践的伦理特征的认识”作为接受认证的一个条件。2000 年，工程与技术认证委员会制定更为具体的方针，当前工程院校正在按照这些方针来操作。但是工程伦理学教育也面临着三种挑战：第一种挑战，工程伦理学的学习如何被理所当然地整合进工科学生所需要的必修课程目录中？第二种挑战，应由谁来教授工程伦理学？第三种挑战，工程伦理学的教学和研究目标是什么？③ 而与这些挑战相关，罗伯特·迈基（Robert E. McGinn）采取问卷调查发现，对于工程学生进行工程中伦理问题相关的教育与现代工程实践的现实之间存在着重大的鸿沟。而广大学生的期望，即在他们将来的工程职业中所出现的伦理问题，却与普遍应用于工程课堂中的工程伦理问题，以及在课堂外频繁遇到的伦理问题很难是等同的。这也促成了一个广泛传播并公开声称的信条——更好地成为一个好的工程职业者，而不是成为一个富有道德和社会责任感的工程职业者。而对于实践工程师而言，在最重要的非技术内容上观点是存在分歧的，这也给工程

---

　　① Petroski, Henry, *To Engineer is Human: the Role of Failure in Successful Design*, New York: St. Martin's Press, 1985.

　　② *The Engineer of 2020: Visions of Engineering in the New Century*, Washington, D. C.: National Academies Press, 2004.

　　③ ［美］迈克·W. 马丁：《美国的工程伦理学》，张恒力译，胡新和校，《自然辩证法通讯》2007 年第 3 期。

伦理学教师和其他工程教育者带来了严峻的挑战。①

　　工程协会的历史研究，有助于加强工程协会的认识，理解工程专业规范的变化过程，推动伦理规范内容成熟和完善。20 世纪 80 年代在各大工程社团资金的资助下，许多学者对工程社团的历史进行了专题研究。米切尔·迈克迈龙（Michal McMahon）研究了"新专业主义"，发现电气和电子工程师协会（the Institute of Electrical and Electronics Engineers，IEEE）最重要的核心内容之一，指出科学与技术制度化历史中的新方向，在电子工程内部和技术发展的境域中说明社会和职业的变革②；布鲁斯·森克莱（Bruce Sinclair）叙述了美国机械工程师协会（the American Society of Mechanical Engineers，ASME）的百年历史③；艾莱克斯·罗兰德（Alex Roland）阐述了关于国家航空顾问协会（the National Advisory Committee on Aeronautics，NACA）、国家航空和宇宙航行局（National Aeronautics and Space Administration，NASA 的前身）管理和政治的批判历史④；特瑞·莱纳德斯（Terry S. Reynolds）描写了美国化学工程师协会（the American Institution of Chemical Engineers，AICE）的历史，提出了美国化学工程师协会与环境以及公共政策关系的议题。⑤ 由于是职业协会赞助，所以他们的历史很少关注社会责任和伦理，最多也只是工程协会历史中的一小部分，但却有利于促进职业协会制度化发展。

　　2. 研究方法的多样化、实践化

　　自工程伦理学产生以来，一直有两种研究方法处于主导地位：一种是典型真实事件的案例研究方法，著名案例如"挑战者"号失事、三哩岛核泄漏、福特斑马轿车问题等。比较全面地以案例来展开研究的是罗萨·

---

　　① Robert E. McG, "Mind the Gaps": An Empirical Approach to Engineering Ethics, 1997 - 2001, *Science and Engineering Ethics*, 2003（9）：517 - 542.

　　② A. Michal McMahon, *The Making of a Profession*：*a Century of Electrical Engineering in American*, New York, 1984.

　　③ Bruce Sinclair, *A Centennial History of the American Society of Mechanical Engineers*, 1880 - 1980, New York, 1980.

　　④ Alex Roland, *Model Research*：*the National Advisory Committee on Aeronautics*, 1915 - 1958, Vol. 2, Washington D. C. , 1984.

　　⑤ Terry S. Reynolds, *Seventy - five Years of Progress*：*a History of the American Institute of Chemical Engineers*, 1908 - 1983, New York, 1983.

B. 品库斯等人（Rosa Lynn B. Pinkus）以美国航天飞机主体发动机（the Main Engine of the Space shuttle, SSME）的决策、设计、制造为案例，通过跨学科分析其涉及不确定性和风险的评估，强调工程师是如何识别、表达和解决复杂的伦理难题。并指出三个最基本原则：能力（competence）、责任（responsibility）和西塞罗（Cicero）的第二信条（"保证公众的安全"），作为一个分析框架来表达和解决在实践中产生的伦理问题。①

另一种是对于涉及工程实践活动的概念、规范和原则的理论分析。如马丁（Mike W. Martin）等就利用如功利主义、权利伦理与义务伦理、美德伦理等基本伦理理论，分析并探讨工程中常见的风险与安全、责任与权利、诚实与欺骗等概念，指出他们的伦理内涵和价值指向。② 戴维斯（Davis）等人也做了有影响的理论分析工作。

这两种"描述性案例研究"与"理论分析研究"是韦伯式的（Weberian）"理想模式"，这样一种模式可以在一定范围内聚焦其反面观点。当然这两种方法并不互相排斥，反而有走向融合的趋势，即大量工程伦理案例的描述也进行理论分析，许多工程伦理理论分析研究也利用案例来证明和说明他们的结论。至于哪种趋向更强，主要取决于这两种研究方法在一定的范围内谁更有利于找到结合点。

其他研究方法还包括调查研究方法，如罗伯特·迈基通过调查斯坦福大学的工程学生和实践工程师过去五年里所提交的工程伦理问题，发现并指出面向工程伦理主题的多种经验方法的价值。正如理论分析能够阐明具体案例研究的争论，精确和探究的调查工程学生和实践者的观点也同样能够拓宽焦点问题假设。③ 也有少部分学者从语言学角度研究工程伦理学，美国纽约州立大学的 J. 埃迈图博士（Joe Amato）描述了 1944 年以来美国工程职业的历史发展，并从本体论角度研究工程设计的理论，在语境中解

---

① Rosa Lynn B. Pinkus et al., *Engineering Ethics: Balancing Cost, Schedule and Risk—Lessons Learned from the Space shuttle*, New York: Cambridge University Press, 1997.

② Mike W. Martin, Roland Schinzinger, *Ethics in Engineering*, Boston: McGraw - Hill, 2005, pp. 254 - 266.

③ Robert E. McGinn, "Mind the Gaps": An Empirical Approach to Engineering Ethics, 1997 - 2001, *Science and Engineering Ethics*, 2003 (9): 538.

释了技术。[①] 但这种叙述性语境描述也仅仅存在于对历史的考察，在关注现实问题上显得过于空泛。

3. 研究趋势的国际化、综合化

随着技术发展和工程应用的国际化，工程伦理学研究出现了新的课题和趋势，工程伦理学将反思全球化经济时代围绕技术发展所关涉的所有主要问题。[②] 比较突出的有以下三个方面：第一，关于计算机伦理问题的探讨。计算机与隐私是否造成价值冲突？软件所有权是否应该得到保护？计算机发展所产生的道德责任，是个体责任还是共同责任呢？这些都应该在信息化社会中对"责任"进行探讨。[③] 互联网与自由言论问题以及产生的权力关系，涉及的知识产权问题，计算机导致的失败以及所造成的健康等问题，这些都需要关注和研究。[④] 第二，环境伦理问题的备受关注，工程伦理学把环境伦理作为研究重要内容之一。马丁通过对工程、生态与经济关系的考察，分析了人类中心主义伦理、非人类中心主义伦理、生态中心主义伦理、经济中心主义伦理的伦理框架，指出环境伦理必须与个体的反思联系起来，并制订负有责任的社会政策与计划。[⑤] 威斯林德（P. Aarne Vesilind）则提出工程师应当如何在增加人类财富与破坏环境之间求得某种平衡？在面对潜在的环境问题时，在什么情况下工程师应当为客户保密呢？[⑥] 哈里斯等人从工程规范与环境出发，分析了职业工程对于环境的责任范围，提出了两个折中的建议。[⑦] 同时专业伦理规范也开始加入保护环境责任的内容，如美国土木工程师协会的伦理规范，就既要求提高人类的

---

① Joe Amato, *Unwritten Laws: Engineering Ethics in a Narrative Context*, New York State University, 1989.

② ［美］迈克·W. 马丁：《美国的工程伦理学》，张恒力译，胡新和校，《自然辩证法通讯》2007 年第 3 期。

③ Charles E. Harris, Jr., Michael S. Pritchard, Michael J. Rabins, *Engineering Ethics: Concepts and Cases Australia*, Belmont, CA: Thomson/Wadsworth, 2005, pp. 102 - 123.

④ Mike W. Martin, Roland Schinzinger, *Ethics in engineering*, Boston: McGraw - Hill, 2005, pp. 219 - 239.

⑤ Ibid..

⑥ P. Aarne Vesilind, Alastair S. Gunn, *Engineering, Ethics and the Environment*, New York: Cambridge University Press, 1998.

⑦ Charles E. Harris, Jr., Michael S. Pritchard, Michael J. Rabins, *Engineering Ethics: Concepts and Cases Australia*, Belmont, CA: Thomson/Wadsworth, 2005, pp. 214 - 242.

福利，还要求保护环境。但是环境问题依然是任重而道远。第三，对于工程应用的国际问题关注。跨国公司对于技术转移所产生的国际权利问题，以及武器发展与保护工业问题，这些都是军事领域与和平研究的道德问题。① 而国际工程职业标准也涉及超文化规范，跨文化规范在工程活动应用中也产生了伦理问题，如贿赂、索贿、打点、收受礼物等现象。② 同时由于工程技术的应用，也产生了世界性贫困等问题，但依然被人们所忽视。

三　若干启示

工程伦理学起源于对技术的批判，对工程师的质疑。所以，从工程伦理学的建立来看，我们既称其为"技术伦理学"，也可称其为"工程师伦理学"。前者主要是针对技术的负面影响，技术的消极作用，其实技术的作用和影响都是在工程活动中得以体现，都是在工程学的框架下进行研究，正如技术哲学的研究传统之一就是工程学传统；后者主要是从工程共同体出发，工程师在工程活动中对于技术设计、改进等方面起到重要作用，同时也面临着利益冲突，忠诚于雇主还是公众的冲突等道德困境。因此结合美国工程伦理学发展经验而言，首先，要加强工程师的职业化进程，制定现实合理的伦理规范，促进工程师伦理制度化发展。其次，加速工程伦理教育的发展，在工程类院校开设工程伦理方面的相关课程，开展工程伦理培训，提高工程学生的道德敏感性。再次，由于工程的境域性特征，在我国的工程活动中，不仅工程师面临着道德困境，其他工程共同体如管理者共同体、工人共同体、企业家共同体、公众共同体等都要面对多种的道德选择，与工程师的处境有一定相似性。所以在工程伦理学发展过程中，更需要关注其他工程共同体的道德困境。

从工程伦理学的研究方法上看，两大主流的研究方法——工程案例研究分析和概念、规范的理论研究，推动了美国工程伦理学研究的发展。就案例研究方法而言，由于典型案例的特殊性、具体性，其就不具有更大的普遍性与适用性，这也造成方法上的局限性。而在涉及我国工程案例的取

---

① Mike W. Martin, Roland Schinzinger, *Ethics in Engineering*, Boston: McGraw - Hill, 2005, pp. 242 - 271.

② Charles E. Harris, Jr., Michael S. Pritchard, Michael J. Rabins, *Engineering Ethics: Concepts and Cases Australia*; Belmont, CA: Thomson/Wadsworth, 2005, pp. 244 - 279.

材上，由于受到各种因素的影响，在案例事实具体原因的挖掘、收集等都会遇到相当大的困难；另一方面，在关于工程师的伦理观念上，还存在对其认识上的不足，这都造成案例研究在我国很难深入地进行下去。而对工程伦理学的概念、规范和原则，以及工程伦理学的学科定位等问题，由于在我国工程伦理学还没有起步，这些基础理论研究还需要持续争论和探讨。但是综合地利用理论分析和案例研究将是我们采取的首要方法，同时还需要充分利用调查研究方法，发现我国工程中出现的现实伦理问题，了解我国工程师的伦理意识和道德困境，探究工程学生的伦理教育情况，以推动我国工程伦理学的长足发展。

从研究发展的趋向来看，工程伦理学逐步地把如计算机伦理学、环境伦理、军事伦理等纳入其视域进行考察。同时这些问题也都是全球性问题，关系人类的生存与发展。而随着我国现代化进程的推进，知识产权问题、环境问题日益突出，严重干扰我国经济的可持续发展。因此，借鉴工程伦理学的新动向，在跨文化的道德视野中，来推进技术转移与技术引进，推动我国的工业化进展。

第二节   工程伦理中"道德敏感性"的评价与测度*

我国已是工程大国，但工程问题较为突出。其中，对伦理问题缺乏敏感性是工程师在重大工程问题中酿成严重后果的关键肇因。[①] 工程师应具备较强的道德敏感性，识别复杂工程中的伦理问题，已是工程师做出伦理判断的重要前提，也成为工程伦理教育的重要目标。正如美国著名工程伦理学家马丁（M. W. Martin）所指，"能够熟练地识别出工程中的伦理问题，是学习工程伦理学的第一个重要目的，也是培养和提高道德意识的必由之路"[②]。对工程类学生道德敏感性的评价与测度直接反映了工程伦理教育的效果与水平。因此，推进研究"道德敏感性"的科学评价和测度，是工程伦理教育教学改革的应有之义，将利于推进培

---

* 本文原载《大连理工大学学报》（社会科学版）2018 年第 1 期。

① 王进、彭好琪：《如何唤醒工科学生对伦理问题的敏感性》，《高等工程教育研究》2017 年第 2 期，第 194 页。

② Martin, M. W., Schinzinger, R., *Ethics in Engineering*, Boston：McGraw – Hill, 2005.

养更加符合《华盛顿协议》成员国的工程人才国际标准，推动我国工程职业化教育发展。

一 工程伦理教育中培育"道德敏感性"的意义和价值

道德敏感性（moral sensitivity）一词源于以雷斯特（J. Rest）[①] 为代表的明尼苏达团队提出的四成分模型（Four Component Model，FCM），包括道德敏感性、道德判断（moral judgment）、道德动机（moral motivation）和道德品性（moral character）[②]。在四成分模型中，道德敏感性是道德行为的起点——是个体对情境的解释，是指主体如何解释一种情境，并设想任何可能采取的行动将会对自己或是他人产生何种影响和后果。道德敏感性被逻辑性地置于首位。[③] 道德敏感性与道德判断、道德动机和道德品质相互作用，推进道德决策和道德选择，提升个体的道德发展。因此，我们认为狭义道德敏感性是指道德问题的识别与察觉，离开了道德敏感性，道德判断、道德动机和道德意志就无从谈起；广义道德敏感性则包括道德判断、道德意志和道德动机。这种四位一体的能力最终彰显在道德敏感性上，道德敏感性的强弱在某种程度上作为道德水平高低的重要标志。另外，雷斯特通过对道德敏感性的测量，将道德敏感性引入专业实践领域。雷斯特四成分模型的"精神"在于工程伦理教育需要的不仅仅是对伦理推理的测量和指导，而且需要测量和指导伦理意识、意图，以及行为。道德敏感性即道德意识。[④] 道德敏感性作为一种综合性素养，它不仅要求工程师具备相关伦理知识，而且要求工程师具备一定的能力——识别能力、论证能力、提升能力；它既是一种责

---

① 詹姆斯·雷斯特（J. Rest）：美国心理学家，在20世纪80年代初提出道德心理四成分模型，其基础是自70年代中期以他为代表的明尼苏达大学有关学者的大量研究，集中反映了当代道德心理研究领域的重大进展。

② Rest J. R., A Psychologist Looks at the Teaching of Ethics, *Hastings Center Report*, 1982, 12（1）: 29 - 36.

③ Rest, J. R., Background: Theory and Research// Rest, J. R. & Narvaez, D., Moral Development in the Professions: Psychology and Applied Ethics, *Hillsdale: Lawrence Erlbaum Associates*, 1994: 1 - 26.

④ National Academy of Engineering, *Infusing Ethics into the Development of Engineers*, *Washington*, D. C.: The National Academies Press, 2016.

任的体现——社会责任、职业责任，也是一种意识的形成——伦理意识。道德敏感性是知识、能力、责任、意识的融合，并且道德敏感性可以通过后天的学习、训练得到提升。

道德敏感性已成为工程伦理教育的基础和目标，贯穿于工程伦理教育的全过程。道德敏感性是工程伦理教育的基础，它是识别和分析工程伦理问题、进行伦理判断、论证，以及决策的前提。工程伦理教学也是在培育道德敏感性的基础上，提升学生伦理论证能力、分析能力，以及决策能力。道德敏感性是工程伦理教育的目标，不仅提升学生的伦理论证能力，更注重伦理知识、伦理意识、伦理论证能力以及职业责任的提升。培养工程类学生的道德敏感性，最终使其形成道德上的善举，成为具备"美德"的工程师。同时，道德敏感性贯穿于工程伦理教育的全过程，在工程伦理教学内容的设计、教学方法的选择、教学效果的评估等方面都需要根据工程类学生的道德认知情况，围绕提升"道德敏感性"，推进工程伦理教学工作的展开。另外，根据美国工程伦理教学实践来看，许多大学工程伦理教学效果评价通常也把道德敏感性作为教学效果评价的重要指标，也符合美国工程教育认证的要求。[1] 因此，我们将道德敏感性作为工程伦理教学最核心而关键性的目标以及评价工程伦理教学效果的重要标准（见图2—1）。

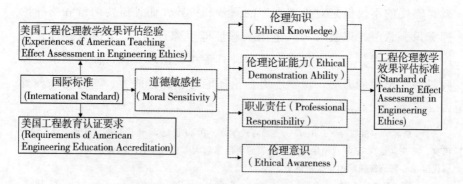

图2—1　工程伦理教学效果评价的标准

① Bairaktarova D., Woodcock A., Engineering Student's Ethical Awareness and Behavior: A New Motivational Model, *Science & Engineering Ethics*, 2017 (23): 1129 – 1157.

二　工程伦理教育中"道德敏感性"的评价与测度途径

1."道德敏感性"的测度途径与经验

雷斯特（Rest）在科尔伯格的主观测评工具"道德判断访谈"（MJI）的基础上，于1974年开发出一种具有客观性的书面测评工具：多项选择式的客观道德测评量表"确定问题测验"（Defining Issues Test，DIT），以此用来测量个体对道德两难问题的选择。[①] 然而，"确定问题测验"并没能从道德判断中分离出道德敏感性的部分，而是明尼苏达团队的一位重要成员贝拜尤（Bebeau）及其同事通过研究牙科专业的学生在医疗实践中对于伦理问题的识别与判断过程，研制出了一个测量道德敏感性的专用工具——牙科医生伦理敏感性测验（Dental Ethical Sensitivity Test，DEST 或 EST）。这个测验工具的内容均是来自真实的牙科门诊实践，研究者在对事实资料进行加工的基础上形成了四个医生与牙科门诊病人之间的访谈记录。[②] 沃尔克（Volker）继承了雷斯特和施瓦茨（Schwartz）的理论观点，并在贝拜尤等人提出的 DEST 模型的基础上，研制了一个更完整的道德敏感性测量工具——道德敏感性量表（Moral Sensitivity Scale，MSS），并用于心理咨询人员道德敏感性的研究。[③] 在"牙科医生伦理敏感性测验"和"道德敏感性量表"产生之后，出现了众多相类似的道德敏感性测验工具，这些测验工具的共同点都是开发无结构性问题。无结构性道德问题测验一般具有两种方式：访谈和书面测量，这两种方式的基础都是根据个体在面对伦理问题情境时所产生的不同反应而进行分析的。由此可见，对于道德敏感性的测量，多选择访谈与测验量表相结合，定性与定量相结合的方式。在道德敏感性测量经验的基础上，美国伊利诺伊理工大学职业伦理

---

① Rest J. R., Narvaez D., Thoma S. J., et al. DIT2: Devising and Testing a Revised Instrument of Moral Judgment, *Journal of Educational Psychology*, 1999, 91 (4): 644 – 659.

② Bebeau M. J., Rest J. R., Speidel T., et al., Assessing Student Sensitivity to Ethical Issues in Professional Problems, Unpublished Manuscript, University of Minnesota Dental School, 1982.

③ Volker J. M., Counseling Experience, Moral Judgment, Awareness of Consequences and Moral Sensitivity in Counseling Practice, Unpublished Doctoral Dissertation, University of Minnesota, 1984.

研究中心迈克尔·戴维斯教授作为工程伦理研究专家①，通过课前—课后测试等方法证明"道德敏感性是可测量的"。②③ 在戴维斯教授的测试中，选择了一个班级总量 17 人的课堂作为研究对象，采用案例分析题的形式进行考试、打分，最终对比课前课后成绩的变化以得出道德敏感性是可测量的这一结论。

戴维斯教授的实验开创了工程伦理课程评估方法的先河，但总体样本量较少，案例分析题的评分标准并不明确，也缺少定性研究部分对数据分析结论进行支撑。我们在充分借鉴戴维斯教授研究方法与经验基础上，同样采用"课前—课后测试"的教学效果评估方法，结合我国高校工程类课程设置中忽视工程伦理教育课程，以及工科学生缺少对于工程伦理的了解等特点，我们扩大了样本量，以班级人数总量为 30 人的课堂为研究对象，并且在戴维斯教授以案例分析题为主的问卷设计中增加了客观选择题与简答题，同时根据工程伦理课程内容增设了访谈环节，采用定量与定性研究相结合的方式进行研究。

2. "道德敏感性"的测度操作与实践探索

调查研究以北京某高校的工程类荣誉学院 2016 级学生为调查对象，调查人数为 30 人。研究主要采用文献法、问卷法和访谈法、SPSS 数据统计分析等方法。根据工程伦理教学效果评估标准"道德敏感性"的界定，设计有关工程伦理意识认知的调查问卷，在工程伦理课程之前与课程结束之后分别进行测试，将两次的结果进行比较分析，以此判断工程伦理课程对于学生道德敏感性的影响和作用。访谈法是在问卷法的基础上，通过随机抽样的方式与该班级的 6 名同学进行课程开始前与课程结束后的访谈交流，以对定量研究的结果提供补充。问卷在设计之初参考了戴维斯教授的已有研究结果和建议，在问卷的题目设置上以简述题和案例分析题为主，主要考查学生的道德敏感性，问卷内容包括伦理理论知识、对道德问题的

---

① Davis M., Integrating Ethics into Technical Courses: Micro – insertion, *Science & Engineering Ethics*, 2006 (4): 717 – 730.

② Davis M., Feinerman A., Assessing Graduate Student Progress in Engineering Ethics, *Science & Engineering Ethics*, 2012 (2): 351.

③ Davis M., From Practice to Research: A Plan for Cross – Course Assessment of Instruction in Engineering Ethics//2015 Research in Engineering Education Symposium (REES2015), 2015.

陈述、对道德问题的分析、提出可选择的行动方案、进行伦理评估，以及反思过程涉及的相关内容。同时，访谈提纲也作为问卷调查的补充内容，内容包括可识别的工程伦理问题、一个优秀工程师的道德品质等问题，为问卷的定量研究增加定性分析的依据。问卷中的分值分布以不同题型能够反映道德敏感性的程度来界定。客观单项选择题答对一题计 2 分，答错不得分；简述题标准答案中共有 5 个知识点，总分 10 分，每答出一个知识点或内容相近，即得 2 分；案例分析题每题总分 20 分，根据知识点和答题思路进行给分。为保证课前课后两次的问卷测试评分标准统一，在判卷过程中由同一位老师负责评判前后测试的所有案例分析题。

研究周期为两个月，评估的工程伦理课程周期为 8 周，每周 2 课时。2017 年 2 月 16 日，工程伦理课程开课，研究者对全班 28 个学生（2 个学生请假未到场）进行了问卷测试，课前测试结束后，由研究者在班级中通过简单随机抽样法抽取了 6 个学生进行一对一的课前访谈。2017 年 4 月 6 日，工程伦理课程结课，研究者在课堂上向 30 个学生发放了课后测试问卷，课后测试结束后，两名研究者分别与课前参与访谈的同学再次进行一对一的访谈。2017 年 5 月，研究者对前后两次的课程测试评分进行整理与归纳，对课前课后分数的变化进行系统分析，以评估该班工程伦理课程的效果，以及学生道德敏感性的改变程度。

三 "道德敏感性"评价与测度的实证研究

1. 教学效果评估的显著性水平检验

调查研究课前发出问卷 28 份，收回 28 份，有效问卷占比为 100%；课后发出问卷 30 份，收回 30 份，由于 3 个学生未认真填写，主观题部分无法辨认，另外 2 个学生未参加课前调查，无法进行问卷对比，因此最终有效问卷 25 份，有效问卷占比为 83.33%。经过对有效测试课程前后的成绩对比分析，我们发现前测和后测的成绩差异较明显。为了检验课程前后测试成绩是否具有显著性的改变以及确认成绩的改变是正向的，下面将对课程前后两次成绩进行配对样本 T 检验。

配对样本是指对同一样本的某个变量进行前后两次测试所获得的两组数据。配对样本的检验是先求出每对观测值的差，再对差值求平均值，通过检验配对变量均值之间的差异的大小，来确定两个总体的均值的差异是否显著。在本次研究中，对于同一群体的研究对象进行了前后两次相同题目的测试，前后两次的学生成绩即为配对样本，通过配对样本 T 检验，可以看出前后两次成绩的差异性是否显著，以此来说明该工程伦理课程的效果是否显著。研究者通过计算每名同学课前课后测试的总成绩，构建 SPSS 19.0 数据库，通过数据分析软件进行分析，显示结果如下。

表 2—1   成对样本统计量

		均值	N	标准差	均值的标准误
对 1	课前成绩	18.28	25	4.43959	0.88792
	课后成绩	27.04	25	4.30581	0.86116

表 2—1 是对课前课后两次成绩的描述统计，课前成绩和课后成绩的统计人数均为 25 人，25 人平均的课前成绩为 18.28 分，课后成绩为 27.04 分，相差 8.76 分；课前成绩的标准差为 4.44，课后成绩的标准差为 4.31，课后成绩的标准差小于课前成绩的标准差，说明课后成绩的离散程度较小，成绩较为集中。

表 2—2   成对样本相关系数

		N	相关系数	Sig.
对 1	课前成绩 & 课后成绩	25	0.427	0.033

表 2—2 是配对样本的相关分析结果，课前和课后成绩的相关系数为 0.427，显著性水平为 0.033，由于显著性水平小于 0.05，因此总体上的相关性是显著的。

表 2—3   成对样本检验

		成对差分			成对差分 差分的95%置信区间		t	df	Sig.（双侧）
		均值	标准差	均值的标准误	下限	上限			
对 1	课前成绩—课后成绩	−8.76000	4.68402	0.93680	−10.69347	−6.82653	−9.351	24	0.000

表2—3是配对样本的 T 检验结果，从表中数据可以看出，课前成绩与课后成绩相减的差值的平均值是 -8.76，即通过课程的学习，所有学生的测试成绩平均提高8.76分；Sig.（双侧）是双尾检验的显著性水平，表中 Sig. 值为0.000，远远小于95%置信区间中0.05的要求，因此说明在上课前后，学生的成绩变化是相当显著的。

2. 教学评估效果的定性比较

基于上述数据分析的结果，我们认为被测学生在课程前后的成绩改变显著，道德敏感性也提升显著。为支持这一结论，笔者进一步对案例分析题以及访谈内容进行课程前后对比分析。下面以编号 U23 学生在第一道案例分析题的回答内容为例，进行对比，学生回答内容如表2—4所示。

表2—4　学生 U23 号在课程前后对于三门峡水坝的案例分析回答内容

课前回答内容	课后回答内容
首先，在三门峡建水坝导致周遭环境严重破坏，严重影响了人们的生活。说明1954年苏联专家仅考虑到三门峡水坝工程带来的效益，而并未考虑周全地形地貌、黄河泥沙等一系列问题的现实影响。其次，许多地方已经被军队等捷足先登占据，这一系列都没有给人民带来好处，反而使人民饱受灾难，这些都是伦理问题。我们不应只顾眼前利益，而应把潜在危险同样考虑在内。	1. 伦理问题陈述：苏联专家持功利主义态度，违背人与自然和谐相处和人道主义原则。 2. 问题分析：三门峡因其地势原因，不能成为水坝，而苏联专家只能看到眼前利益，忽略了人民生活和安危。 3. 采取行动：不顾危险建坝，导致很多人流离失所。 4. 伦理评价：违背人与自然和谐相处，人道主义原则。 5. 反思：水利工程关乎人民切身利益，安全问题至关重要。

从以上答案我们也发现，该学生在课前可以通过案例找到诸如"环境破坏""人民生活受到影响"等伦理问题，但更多的部分是在复述对于案例的描述和一般伦理常识的理解，缺少自己的思考和系统分析问题的能力，同时并没有清晰地找到该事件中的利益关系和解决办法。但经过工程伦理课程的学习，学生在课后测试中可以对工程伦理问题进行识别，并且运用所学的伦理知识对于该事件进行简要评价，同时可以根据案例进行反

思,思考工程实践活动中的工程伦理原则和首要目标。虽然答案仍不全面,但学生系统分析问题的能力和对于工程伦理知识的了解和意识已经基本具备,于课前的答案有较大进步。从案例分析题的对比分析来看,可以再次印证对于课前课后测试学生成绩的差异显著性进行配对样本 T 检验的分析结果,即课堂效果显出,学生们已经逐渐形成了工程伦理意识和系统分析工程伦理问题的能力。

在课程前后的访谈内容中,我们也可以看出学生能够在道德敏感性上有很大提升,表 2—5 是参与访谈的其中一位同学在课前及课后访谈过程中对于科学技术发展与生态环境之间的关系问题的看法。

表 2—5   访谈学生在课程前后对于科技发展与生态环境关系的回答

问:你如何看待技术发展与生态环境之间的关系?	
课前回答内容	课后回答内容
比如说像英国的第一次工业革命,把伦敦的雾霾搞得非常严重。我觉得像那个时候就是技术水平不太高,可能对环境破坏性还是挺大的。然后我觉得现在一直在强调保护环境,现在做的很多工程项目也已经把环境放在眼里的。	比如说李克强总理在答记者会的时候,最后谈到雾霾,我觉得就是相当于把重工业,分散到一些偏远的地方,需要达到一个互惠,达到一个平衡,我们既可以完成重工业发展的一些要求,然后也可以尽可能地使这个环境污染降到最低……环境和科技的发展肯定会有相互制约的地方,比如说刚才说到的,如果你考虑到环境,肯定会影响到科技的发展的迅速程度,但是你也正是有了环境里面的一些资源,才有科技发展的前提和根本。

从同学课前回答可以看出他已经认识到环境污染问题,但对于生态环境被破坏的严峻性以及理性而辩证地看待科技发展与环境污染之间的关系上还没有更加深入的认识,同时也没有考虑到这样的后果和解决办法。但在课程结束之后,该同学的回答已经初步具有了创造性的思维方式以及基本的工程伦理意识,同时能够主动去寻求一种科技发展与环境污染之间的平衡状态,引入了"可持续发展"的概念。当然,也存在对工程伦理问题的论证能力还需要提升,对环境问题的复杂性以及涉及少数群体的利益与权利如何关照等问题还需要深入探讨。总体而言,我们认为通过工程伦

理课程的学习，该班学生总体上成绩变化十分显著，学生们的工程伦理知识、意识和道德敏感性有显著提升，课程效果良好，对于学生们的工程伦理意识和道德敏感性的提升有较大帮助。

四 对工程伦理教育的反思和改进建议

基于上述分析，我们发现工程伦理课程前后成绩变化明显、课程教学在帮助学生们提升道德敏感性方面有显著影响。同时，本次研究借鉴美国工程伦理教学效果评估方法和经验，首次尝试对于我国的工程伦理教学效果进行评估，提出"道德敏感性"评估标准，并采用课前课后对比分析、定量与定性相结合的研究方法分析得出结论，为我国工程伦理教学效果评估提供实践经验，更为我国的工程伦理教学与国际接轨、推动工程教育职业化发展奠定基础。通过梳理和反思本次研究过程，笔者认为研究中使用的前测后测的调查方法以及定性与定量相结合的研究方法中仍存在可改进和完善的部分。在研究设计与实际操作的过程中，笔者认为可以在工程伦理教学方法和教学内容对教学效果的影响程度、提升学生对于问卷测试的重视程度、建立健全问卷评分标准的体系和内容、增加本届被测学生毕业后的追踪调查环节、增加测量样本选择范围的数量和广度等方面进行完善，使工程伦理课程教学效果评估方法更具科学性、借鉴性和有效性。

1. 工程伦理教学效果应与工程伦理教学内容与方法相互配合，共同提升学生道德敏感性

工程伦理教学内容设计是否合理、适当，教学方法是否科学、可行，在很大程度上会影响工程伦理教学效果。在一定意义上说，工程伦理教学内容、教学方法和教学效果评估共同组成工程伦理教学模式，三方面相互协调、共同推进工程伦理教学效果评估科学化、合理化。比如，此次研究中工程伦理教学内容包括伦理学基础理论、工程师职业规范、工程设计伦理问题、伦理周期和可持续发展伦理问题等内容。[①] 但由于教学对象工程类学生伦理学基础知识较为缺乏，伦理学基础知识的教学不得不需要更多时间讲授，造成其他教学内容压缩甚至删减，致使工程伦理教学效果受到

---

① Ibo Van De Poel, Lamber Royakkers, *Ethics, Technology and Engineering*, Oxford Wiley - Blackwell, 2011.

影响；在教学方法上，综合使用角色扮演、案例教学等方法，但是由于相关案例特别是国内案例的材料收集和整理方面的事实性知识难以获得，对其的道德价值分析就显得不够深入，造成案例教学方法的效果大打折扣。因之，工程伦理教学内容设计是否合理，需要考虑工程类学生的实际水平和工程伦理教育目标；工程伦理教学方法是否可行，根据教师专业特长和个性特点，综合运用多种教学方法使教学效果提升。

2. 调查问卷的标准答案设计与得分点分布应该更具层次性、系统性

在进行前测和后测的评阅过程中，研究者发现有一些学生的答题结果与标准答案不尽相同，却同样具有研究价值，如果完全按照评分标准的给分点进行打分，前测后测的成绩变化并不大，数据上无法得到有效性验证，但从学生的答题内容上看，无论是知识层面还是案例分析的逻辑性思路，均有显著提升。以问卷调查编号 U09 的学生"挑战者"号的案例分析题回答为例，在课前该生回答的内容只是对案例"挑战者"号飞船中存在的伦理问题进行简单复述，仅仅是指出了个别伦理问题，而缺少对于该问题的评价与反思，在课后的回答中该学生可以将通过案例识别到的伦理问题运用伦理周期循环模型加以呈现，由此可以断定通过工程伦理课程的学习，学生的伦理知识和意识均有提高，但反映在标准答案上并不明显。因此为了更加客观地评估课程有效性，研究者建议在之后的研究设计中将标准答案的得分点进行系统化的梳理，根据学生回答的知识点内容与逻辑判断能力酌情给分，并且对于回答案例分析题的思路和整体论证过程等形式同样设置分值，以更全面地判断学生是否具备伦理知识和意识。

3. 扩大调查样本的选择范围，并且建立追踪调查机制，补充数据完整性

本次调查研究是在一所高校内完成的，为了增加样本量的多样性，可参考美国普度大学①对不同类型的高校学生的道德敏感性变化进行持续研究的经验，建议在之后的调查研究中选择多个高校作为研究点，在多所高校的不同年级群体中进行同样题目的课前课后测试，扩大研究对象的选择范围，最终通过汇总比较，可以更为科学地分析出同一时期学生群体的共性问题，以及不同类型学校学生的差异性问题，使调研数据更全面、更准确、更权威。同时，本次研究结果初步完成了学生们在课前

---

① PRIME Ethics：https：//engineering.purdue.edu/BME/PRIMEEthics.

课后的差异对比，但是缺少对于同一届学生的长期观察和调查分析，使目前的调查结果缺少长线的反馈数据。研究者建议在其后的推进研究过程中把研究时间延长，进行追踪评估，例如在课程结课的一年之后、本届学生本科毕业之后、毕业工作一年之后等，通过长期的追踪调查和随访，全面了解同一届学生道德敏感性的变化情况，以及工程伦理课程的效果与作用，进一步为我国工程师职业化，以及高校工程伦理教育改革与发展提供支持与借鉴。

第三节 美国工程伦理教育的焦点问题与当代转向 *

自 20 世纪 70 年代美国工程伦理教育在工程院校兴起以来，很多大学如麻省理工学院（MIT）、斯坦福大学（Stanford University）、伊利诺伊理工大学（Illinois Institute of Technology）、西密歇根大学（Western Michigan University）、科罗拉多矿业大学（Colorado School of Mines University）等均开设有相关课程。到 1997 年，林奇（William T. Lynch）研究表明美国前十所工程院校中的 9 所以不同的方式在本科教育中引入了工程伦理内容。这些学校不仅制定了完备的伦理课程内容和课程体系，而且在教学方法、教学模式上都积累了丰富的经验。同时，美国还在教育认证、工程认证等方面提供制度上的支持和保障，如 1985 年，美国工程与技术认证委员会（ABET）要求美国的工程院校必须把培养学生对"工程职业和实践的伦理特征的认识"作为接受认证的一个条件。2000 年，ABET 制定了更为具体的方针，当前工程院校正在按照这些方针来操作。工程伦理教育已经作为培养工程师职业道德技能的重要手段，提高了工程师的职业道德素养，增强了工程师的道德敏感性，推动工程伦理学向建制化方向发展。但是，目前美国工程伦理教育正面临着三个方面的挑战：第一，工程伦理学的学习如何被理所当然地整合进工科学生所需要的必修课程目录中；第二，应由谁来教授工程伦理学；第三，工程伦理学的教学和研究目标是什么。① 而在实践教学中，工程伦理教育也存在着理论教学与现

---

* 本文原载《高等工程教育研究》2010 年第 2 期。

① ［美］迈克·W. 马丁：《美国的工程伦理学》，张恒力译，胡新和校，《自然辩证法通讯》2007 年第 3 期。

实需要严重脱节的情况，在教学内容上则存在着研究范围狭窄、关注对象过于单一等问题。这些情况促成美国工程伦理教育产生一些新的焦点问题，并带来了新的转向。

一　现代工程发展的影响日益突出和明显，导致工程伦理教育逐渐从微观伦理学转向宏观伦理学

随着科技的迅速发展，现代工程也逐渐呈现出大型化、复杂化等特点，工程参与主体更加多元化，工程风险更加巨大，工程影响更加深远。这些情况已经完全不对应于工程师在工程教育中受到的训练，也不同于他们在职业中先前面对的问题。对工程师而言，他们面对的也不仅仅是单独为经济效益而进行的技术设计，而是更加复杂的环境问题、国际化问题、平等问题等。工程师的伦理责任已经从科学鉴赏的现代需求转变为同时强调多元要求的组合的后现代需求。与此同时，这些需求也在增长，而工程师的职业责任也在增加。工程职业要求也更加丰富，更加多元，并且以一种空前的速度产生新奇的事物。这就呼吁工程职业者通过考察不同类型和不同主体（客户、雇员、共同体）的要求，能够关注影响伦理领域的职业需求的外在变化。[①] 这种工程境域的变化也迫切要求改变工程伦理教育以适应工程发展的变化。在过去的十年中，科学和技术共同体已经认识到有必要明确地提出和强调负责任的行为和伦理的行为。而对于科学和工程职业者来说，认识和强调伦理关注的能力也是一个基本技巧。[②] 正如麦基（Robert McGinn）发现，有80%—90%的实践工程师认为"当前的工程类学生可能在他们未来的工程实践中会遭遇到重大的伦理问题"。那么也不足为奇的是有53%—70%的人指出他们自己要么面对"在他们的工程实践中的一个伦理问题"，要么已经知道他们的同事已经碰到伦理问题。并且这些工程师中的大部分人都希望"为了仔细和有效地处理那些议题……已经做了更好的准备"。正如有人所预测的，超过90%的被调查实践工程师认为学生"应该……在

---

① Gerald Andrews Emison, American Pragmatism as a Guide for Professional Ethical Conduct for Engineers, *Science and Engineering Ethics*, 2004（10）：225 – 228.

② Stephanie J. Bird, Ethics as a Core Competency in Scienceand Engineering, *Science and Engineering Ethics*, 2003（9）：443.

他们正规的工程教育期间，体验各种伦理问题，而这些问题在他们以后的专业实践中也许会碰到"①。

正如美国著名伦理学家 M. 戴维斯（Michael Davis）所指出的，工程伦理学的教师投入太多的时间在个体决策上，而对社会境域关注不够。最起码涉及六个方面，工程伦理学教师没有实施足够的教学：①组织的文化；②组织的组织；③组织的法律环境；④在组织中职业的角色；⑤在职业中组织的角色；⑥组织的政治环境。戴维斯对此还进行了详细的阐述。②

迄今为止，在工程伦理学中的大部分研究和教学已经有一个微观的焦点，对此，温纳（Winner）很不以为然。他批判了在工程伦理中过多地强调案例研究的微观技术困境而排除了与技术发展相关的更重大的问题——伦理责任涉及促成一种更加体面、诚实、真实的生活，它与过着这样的生活一样重要；它也涉及做出更明智的选择，特别当这些选择出乎意料地出现时；我们的道德义务必须包括面对技术社会中的艰难选择以及如何更聪明地处理它们。③

最近，学者们开始提出联系工程的宏观伦理问题，就是在工程伦理学中把微观伦理方法与宏观伦理方法合并起来所建立的一种总体框架，但仍处于发展之中。实际上，正如温纳所批评的那样，许多学者和工程伦理学的教师都很明确地把宏观伦理排除在工程伦理学之外。另一方面，由工程实践和工程职业为基础发展而来的工程伦理学，很少有意愿把工程师与工程职业更广泛的社会责任融入个体行为及职业的内在关系中。④ 其实，就我们的思考方式而言，工程师将完全能够解决或减少伦理问题；对于这些伦理问题，工程师们能够通过理解产生这些问题的更广阔的境域来识别它们；无论该境域有无必要接受改造，他们都必须在帮助改造中扮演积极的

---

① McGinn, R. E., "Mind the Gaps": An Empirical Approach to Engineering Ethics, 1997 – 2001, *Science and Engineering Ethics*, 2003 (9): 517 – 542.

② Michael Davis, Engineering Ethics, Individuals and Organizations, *Science and Engineering Ethics*, 2006 (12): 223 – 231.

③ Winner, L., "Engineering Ethics and Political Imagination", in Paul Durbin (ed.), Broad and Narrow, *Interpretations of Philosophy of Technology*: *Philosophy and Technology*, Vol. 7, Boston: Kluwer, 1990, p. 62.

④ Brian M. O., Connell Joseph R., Herkert, Engineering Ethics and Computer Ethics: Twins Separated at Birth?, *Techné*, 8: 1 Fall, 2004: 36 – 56.

角色。为了使未来的工程师对此作好适当的准备，工程伦理教育应系统地关注法律、组织和整体制定—决策的程序的真实性以及工程师可能扮演的各种角色。① 因而，工程伦理学教育曾存在教学范围过于狭小和教学内容偏少等问题，目前则已经出现扩大化和境域化趋势，开始从工程师职业伦理教育转变为宏观伦理学的跨学科伦理教育，出现了从关注职业到关注工程境域、关注工程文化等转向。

二   工程伦理教育的传统方法存在许多弊端，职业责任的设计方法和价值设计方法已成为新方法的典范

在美国，传统的工程伦理教学包括两个方面：一是向学生介绍工程伦理规范；二是向学生讲授道德理论。课堂教学也基本上采取探讨伦理理论与案例研究两种形式。由于在单一的课程框架内由一位专门的教师来教授伦理问题和职业标准，造成伦理反思仅仅是一种技术教育的附加物而不是本质的内容，致使学生产生技术知识价值中立（value - neutral）的误解。这种传统的工程伦理教育方法受到越来越多的挑战，致使许多新的教学方法应运而生。

无疑，这给学生增加"荣誉守则"（honor code）的方法为提高学生伦理意识提供了很好的典范。② 这种方法就是仿效西点军校的做法，发给学生每人一张卡片，印着关于职业操守的内容即"大拇指守则"，同时把其操行记录在案。另外，教师还需要给新生讲解相关方面的要求与意义，特别要结合案例来讲解，把工程师规范融入学生的日常生活规范中。这种方法具有更现实的可操作性、具体性，而不会像工程师协会职业规范那样无人重视。让学生在参与中获得实践经验——使学生有机会在职业的境域中学习伦理内容。同时让学生阅读一本书并撰写一个报告，然后参与小组讨论。这样的小组讨论没有年级和年龄的限制，自由组合、自由讨论。教师在教学中利用学生的经验，以及一些并非来自教科书上的案例，这样能够与学

---

① Zandvoort H., van de Poel and Brumsen M., Ethics in the Engineering Curriculum: Topics, trends and Challenges for the Future, *European Journal of Engineering Education*, 2000 (25): 291 - 302.

② Shirley T. Fleischmann Essential, Ethics - Embedding Ethics in to an Engineering Curriculum-Science and Engineering Ethics, 2004 (10): 369 - 381.

生实际更紧密地联系起来。学生以教师列出的工程伦理书理论为依据，自由发表评论或意见。通过这一活动能够把荣誉概念与荣誉规范在许多地方融合在一起，使学生加深认识和理解。在自己的生活里使这些观念生根，促使学生进入一种个体荣誉意识很强的文化氛围之中。接受这种教育的学生将会发展出一种心智习惯，能够促使其以伦理的态度去实践工程。

目前，许多大学已采用把"职业责任"融入工程中的教学方法，开设了关于职业责任某些方面的必修或选修课程，比如，得克萨斯农工大学（MIT），计算机辅助软件工程西部预备队大学（Case Western Reserve University）以及得克萨斯技术大学等。① 工程实践对社会不可避免地产生影响，并且工程也部分以与社会的关系为基础，所以，设计问题内在地包括许多最起码的职业责任的议题。职业责任的主题一般包括公众与客户的安全与福祉、职业伦理、法律方面（工程师的法律责任、知识产权等）、环境责任、质量等方面。好的设计常包括对于职业责任的考虑。让学生参与设计项目，从而把职业责任作为设计程序的一部分。比如某公司资助设计一个化学处理厂的垃圾掩埋方法项目，掩埋垃圾项目非常明显地涉及公众的健康、安全和福祉及该公司的经济利益。在学生设计团队、资助者、指导顾问和课程老师之间，必然有许多有趣的互动来平衡环境利益与资助者的经济利益。垃圾掩埋设计团队形成了一个对于垃圾掩埋规定和法律要求的认识。他们保护环境的义务（正如规章和法律要求所表明的）将与他们对客户、设备和垃圾的所有者的义务产生明确而直接的冲突。团队必须与资助者进行讨论，理解他们设计的意义和价值。垃圾掩埋设计团队也对未来的垃圾掩埋设计（而不仅仅是覆盖物设计）提出了建议，许诺要比他们的资助者的目前设计更加便宜。当然，这一学生设计项目涉及公众的健康、安全、福祉和环境责任、法律义务、知识产权，以及在他们的设计经验中的工程伦理等议题。团队并没有把这些议题强调作为额外的任务或在项目最后进行考虑，而是意识到这些考虑应为设计程序的一个本质部分。因而，设计项目提供了一种环境，使得学生认识到专业伦理问题（如伦理的，法律的，环境的等），这些伦理问题与解决工程设计问题结

① Steven P. Nichols, An Approach to Integrating "Professional Responsibility" in Engineering into the Capstone Design Experience, *Science and Engineering Ethics*, 2000 (6): 399 – 412.

合在一起。垃圾掩埋事例说明这类专业责任的问题是内在于设计问题之中的。设计任务支持学生工程设计团队考察伦理的、法律的、安全的、环境的、经济的和技术上的问题。设计所获得的经验也帮助学生团队理解职业责任的问题是作为工程设计问题的一部分，而以往则作为工程师所考虑的技术与经济的问题。学生在讨论和实践过程中，体验着工程师的生活意义和价值，逐步地将职业责任融入他们以后的工程活动中。

　　然而，这种把职业责任融入工程设计中的方法依然存在着缺陷。即把伦理融入设计中的一个障碍是缺少一种正规化的方法，我们不知道包含在设计教育中的伦理能够在何时以何种方式提供具体的指导。但是，在人—机（human – computer）交互研究中发展了一个方法，也就是价值—识别设计（value – sensitive design，VSD）方法，能够作为工程教育工具来缩小技术设计考虑与表达人类价值的伦理关注之间的差距，从而架起沟通的桥梁。① 这种方法利用道德的认识论，通过考察概念的、经验的和技术的议题，说明在设计程序中的人类价值。VSD 的起初目的是通过在设计过程中始终关注人类价值，把其融入设计过程中并影响技术设计。VSD 强调技术塑造社会和社会要素塑造技术的思想。因此，复杂的社会技术系统涉及人与技术之间的交互作用，并且不可能在一个价值真空中被设计出来。VSD 能够合并到已经制定好的设计程序，特别是在课堂教学中。VSD 作为一种建构性方法，把伦理关注合并到设计程序之中，并且因此它能够被综合到指导性的设计计划中，而这些设计计划具有与学生进行沟通的清晰目标，所以，VSD 可以为学生如何把伦理关注融入设计计划之中提供指导。

　　三　教学主体走向联合与合作，教学对象日益扩大，从工程师学生拓展到管理者、工人、普通公众等其他工程共同体

　　美国著名工程伦理学专家马丁指出，工程伦理教育面临着"目前应由谁来教授工程伦理学"等诸多挑战。② 在工程伦理学的早期发展中，许多课程是由工程师和哲学家组合的团队进行教学的。在可能的情况下，这

---

①　Mary L. Cummings. , Integrating Ethics in Design through the Value – Sensitive Design Approach, *Science and Engineering Ethics*, 2006（12）: 701 –715.

②　［美］迈克·W. 马丁：《美国的工程伦理学》，张恒力译，胡新和校，《自然辩证法通讯》2007 年第 3 期。

种安排仍然是人们所期望的。其实，从 20 世纪 70 年代开始，伦理学家和工程师已经合作，如 1978—1980 年的国家项目，就是由 18 位工程师和哲学家组成的研究团队共同完成的。此后，工程师逐步与哲学家、律师、宗教思想家等诸多团体合作，共同研究大量的工程实践问题，探讨诸如诚信问题、风险问题、环境保护问题、技术保密问题、利益冲突问题等。这些问题的探讨也为工程伦理学的教学提供了许多良好的案例。现在，工程师与伦理学家联系更加密切，并在许多项目实践中走向联合。比如得克萨斯大学奥斯汀分校机械工程系开设的顶石课程（the capstone course），就是由许多公司资助设计项目，把工程师、资助公司和教师联系起来，使工程学生在教师和工程师的联合指导下，在工程项目的实践中真正地体验工程设计过程，理解工程设计中的职业责任。①

德国伦理学家尤纳斯指出："我们每个人所做的，与整个社会的行为整体相比，可以说是零，谁也无法对事物的变化发展起本质性的作用。当代世界出现的大量问题从严格意义上讲，是个体性的伦理所无法把握的，'我'将被'我们'、整体以及作为整体的高级行为主体所取代，决策与行为将'成为集体政治的事情'。"② 如同现代科技的发展模式（已经完全改变了过去那种单兵作战的个人研究形式而由科技共同体进行合作研究）一样，现代工程更是一种集体的乃至于全社会的活动过程，其中不仅有科学家和工程师的分工和协作，还有从投资方、决策者、工人、管理者、验收鉴定专家直到使用者等各个层次的参与。③ 同时，工程责任也出现了集体化、模糊化的趋势，作为工程活动的参与者，各个工程共同体对工程影响都不可避免地负有责任。正如邦格提出的："技术律令：你应该只设计和帮助完成不会危害公众幸福的工程，应该警告公众反对任何不能满足这些条件的工程。"这一律令似乎也适合于工程技术管理者（企业家）和政治决策者（政府官员），只需将其中的"设计"变通为"执行"和"批准"。公众在这里也负有责任，如他们对科技的可能结果是否关注、对危险的科技活动是否形成了足够的压力，以及以消费者及用户的身

---

① Steven P. Nichols, An Approach to Integrating "Professional Responsibility" in Engineering into the Capstone Design Experience, *Science and Engineering Ethics*, 2000（6）：401.

② 转引自甘绍平《应用伦理学前沿问题研究》，江西人民出版社 2002 年版。

③ 朱葆伟：《工程活动的伦理责任》，《伦理学研究》2006 年第 6 期。

份对科技产品形成什么消费指向。① 这些责任交织在一起使得责任承担更加复杂。因此,仅靠教育即将成为工程师的工程学生,或者靠教育工程师主体已完全不能适应工程发展的形势和要求,并且也不符合工程责任的扩大化、深远性、模糊性等特点,这就要求不仅关注或培养工程师的责任,还需要考察其他工程主体的工程责任,并培养他们的责任意识和提高其道德水平。而工程伦理教育的对象不能单纯地仅仅是工程师个体或者工程师共同体,教育的范围也不能局限于工程师主体。所以,工程伦理的教育对象逐渐由工程师个体拓展到工程师共同体,由工程师共同体扩展到其他工程共同体,教育对象范围出现了一个从个体化到团体化、从单一化到整体化的过程。这些特征也在工程伦理教育从微观伦理学拓展为宏观伦理学的过程中得以反映。

总之,美国工程伦理教育在教学内容上从微观伦理学转向宏观伦理学,关注工程文化;在教学方法上突破传统,不仅仅局限于案例教学与伦理理论讲授,而采用项目设计方法和价值设计方法等;在教学主体上工程师和伦理学家走向联合与合作,教育对象也逐步扩大为工程师、管理者、工人、普通公众等工程共同体。这些工程伦理教育上的新转向,充分体现了现代工程发展的特点,符合现代工程教育规律,为提高工程师的职业素养、提高工程师的道德敏感性提供了良好的教育平台。这些教育转向更符合美国国家科学院、国家工程院在《2020 年的工程师:新世纪工程学发展的远景》中指出的 21 世纪工程教育的培养目标——工程师应该成为"受全面教育的人,有全球公民意识的人,在商业和公众事务中有领导能力的人,有伦理道德的人"。

第四节　美国工程伦理教学模式探析 *

工程伦理教育作为提升工程师职业道德素养和社会责任的重要方式,成为工程教育和工程师职业化发展的必要内容。美国自 20 世纪 70 年代开设工程伦理课程以来,一直在积极探索工程伦理教育教学的方法与模式

---

① 肖峰:《略论科技元伦理学》,《科学技术与辩证法》2006 年第 5 期。

* 本文原载《自然辩证法研究》2017 年第 11 期。

等，积累了丰富的经验。根据工程技术认证委员会（ABET2000）标准的要求，美国工程技术类院校以各种模式开设工程伦理课程，也在对工程伦理教学模式①积极探索。通过深入研究美国哈佛大学、麻省理工学院等二十多所大学工程伦理课程的操作实践与经验，探讨美国工程伦理教学内容、方法和效果评估相结合的新模式。② 推进工程伦理教学模式的探索和研究，将利于推进我国工程伦理教育理论和实践发展，推动卓越工程师培养计划的实施开展和工程教育的国际化与标准化，符合《华盛顿协议》③要求的国际标准，能够真正地提升工程类学生的职业道德素养和社会责任感，推动工程职业认证注册制度和工程职业化发展。

一 内容：彰显自然与人类价值、融合伦理学与工程学等学科

工程伦理学教学内容作为工程伦理教学模式的核心组成部分，成为工程伦理教师进行课程设计的主要工作，在一定程度上决定教师如何开展教学方法和评估教学效果。内容设计合理，成为工程伦理教学效果评估和教学方法开展的前提性工作。美国许多大学工程伦理教师在教学内容设计上一方面兼顾工程伦理学的学科特点；另一方面结合了学校专业特征和学生发展要求等，使工程伦理教学内容把工程学、伦理学、教育学、人类学、社会学等学科有机融合起来，形成工程伦理课程体系，从多维度挖掘工程

---

① "教学模式"是由美国芝加哥大学教育专家乔伊斯（Bruce Joyce）和韦尔（Marsha Well）于20世纪70年代率先提出，教学模式就是学习模式，当我们在帮助学生获取信息、形成思想、掌握技能、明确价值观、把握思维方式和表达方式时，也在教他们如何学习。评价教学模式优劣的标准不仅要看它是否直接达到具体目标，而且要看它是否能够提高学习能力。详见［美］布鲁斯·乔伊斯、玛莎·韦尔、艾米莉·卡尔霍恩等《教学模式》第八版，中国人民大学出版社2014年版。而"工程伦理教学模式"是根据工程职业发展要求和工程注册认证标准，以提升工程类学生道德敏感性、职业道德责任和社会责任为目标，适合各个学校工程专业设置和工程职业化发展要求的教学内容、教学方法和教学效果有机结合的动态实施过程，达到教学内容合理化、教学方法针对化和教学效果评估科学化相融合的教学模式。

② National Academy of Engineering, *Infusing Ethics into the Development of Engineers*, the National Academies Press, 2016.

③ 《华盛顿协议》：最初成立于1989年，为推进全球工程师的流动就业并提升职业技能，由美英等国共同签署协议而制定统一认可的工程教育质量和工程人才职业技能标准。该协议也是国际工程师互认体系的六个协议中最具权威性，国际化程度较高，体系较为完整的"协议"，是加入其他相关协议的门槛和基础。2016年6月，我国正式加入《华盛顿协议》，成为第18个正式成员。详见 http://www.ieagreements.org/accords/washington/。

内蕴的自然和人类的道德价值。

1. 探讨工程专业的道德价值和道德困境。美国大部分院校开设工程伦理课程都是与工程类专业结合而推进的。匹兹堡大学生物医药工程领域的案例研究课程，认识到工程学和医学都有与专业实践相关的独特需求，探讨在工程实践过程中反映出的普遍的社会价值观和道德困境。[①] 辛辛那提大学将伦理学习与软件工程实践结合起来，理解在行业与学术界和软件工程相关的伦理问题与困境，把握电气与电子工程师协会/美国计算机学会软件工程道德规范的原则并识别与软件研发过程的特定联系，增强与软件知识产权相关的观念意识，避免侵犯相关知识产权的后果。[②] 科罗拉多矿业学院接受矿业和能源产业的社会和环境方面的伦理挑战，将伦理概念应用到新问题上，创建工程和社会责任与企业项目，理解职业行为规范、政府标准、国际协定，社区组织的关系，帮助工程系学生批判性考察矿业类企业社会责任以及相关的社会与环境影响。[③] 同时，许多高校也把土木工程、基因工程、电子工程、化学工程、纳米工程等专业领域的伦理问题的研究和教学作为工程伦理职业教育的核心内容。其实，随着现代伦理学的发展，特别是 21 世纪实践伦理学的兴起，工程伦理学以实践伦理学的方式推进工程伦理教学与研究，探讨工程活动内在的道德价值和工程师职业自身的道德理想已成为工程实践和工程职业道德教育的前提和基础。

2. 讲述安全、公正、自然价值、道德规范等内容。麻省理工学院工程伦理课程主要是阐述安全的道德价值，教育工程师如何保障安全等，并从工程的社会与伦理角度探讨个体工程师的安全责任以及技术决策涉及的利益相关者对待安全的认识与态度。[④] 科罗拉多矿业学院

①　Goldin, I. M., Pinkus, R. L. & Ashley, K., Validity and Reliability of an Instrument for Assessing Case Analyses in Bioengineering Ethics Education, *Science and Engineering Ethics*, 2015 (3): 789 – 807.

②　Course Schedule (JHJ12 and JHJ13): http://secs.ceas.uc.edu/~subbiavh/EECE3093_schedule.shtml.

③　National Academy of Engineering, Infusing Ethics into the Development of Engineers, Washington DC: the National Academies Press, 2016, p.26.

④　National Academy of Engineering, Infusing Ethics into the Development of Engineers, Washington D. C.: the National Academies Press, 2016, p.19.

从宏观伦理角度教学社会正义、自然与人类价值。工程中涉及什么样的社会正义问题，工程师对社会正义的道德责任是什么？以及面对挑战社会正义的问题如何处理等？① 另外，通过理解关键新技术和工程成就如何改变人、社会和文化的途径，明确自然和人类价值，在承认所有利益相关者的道德价值基础上，提出有争议伦理问题的解决方案，为学生的工程实践提供伦理准备。② 堪萨斯州立大学在工程伦理规范和职业化探讨中明确工程责任，让学生结合工程师的职业实践经历，对伦理规范进行批判性反思，并拟定相关职业的伦理规范，真正体会和理解工程职业的伦理特征与道德理想。③ 加州理工州立大学从哲学史的角度教学伦理规范的发展历史，通过真实的故事和有趣的文化情境来强调西方文化中的道德规范的演变过程，包括道德规范的起源，伽利略、牛顿、莱布尼茨和斯宾诺莎的数学和哲学如何发展成为启蒙运动的伦理学，以及康德和洛克对其的挑战等，学生能够系统理解伦理规范的文化起源。④

3. STS 课程体系：使工程伦理教学整体化、体系化。从历史学、人类学、社会学等角度对工程问题分析相结合的教学内容体系，其中较为典型的是 STS 课程体系。弗吉尼亚大学结合工程技术项目的实践工作、研究伦理、社会或政策问题，设计 4 门 STS 课程组，以培养学生的社会分析、道德推理能力，进行书面沟通、能力培养，增强对工程技术的社会、伦理、法律和政策的理解和认识。⑤ 工程的伦理教育内容不是纯粹的单一的课程内容，而是成为大课程体系或工程课程体系的重要组成部分。工程专

① Leydens J. A. , Lucena J. C. , Social Justice: A Missing, Unelaborated Dimension in Humanitarian Engineering and Learning through Service, *International Journal for Service Learning in Engineering*, 2014（2）: 1 – 28.

② Sarah Jayne Hitt Cortney Holles, *Nature and Human Values: A Student Guide*, 3rd Edition, Plymouth: Hayden McNeil, 2013.

③ National Academy of Engineering, *Infusing Ethics into the Development of Engineers*, Washington D. C. : the National Academies Press, 2016, p. 3.

④ Biezad, D. J. , Ethics Education as Philosophical History for Engineers Paper presented at 2015 ASEE Annual Conference & Exposition, Seattle, Washington, https: //peer. asee. org/ ethics – education – as – philosophical – history – for – engineers.

⑤ National Academy of Engineering, *Infusing Ethics into the Development of Engineers*, Washington D. C. : the National Academies Press, 2016, p. 11.

业课程、工程伦理课程、人文社会科学课程等组成整体性、体系化的课程目标与方案方式开展教育教学。课程体系相互衔接、配合，有机地组成科学合理的课程层级体系，分类而有序地完成教育目标，使工程教育和工程伦理教育实施更加具体可行。

二　方法：运用案例方法，推进多元合作

工程伦理教学方法作为教学模式的重要内容，美国许多大学根据学校自身的专业特点和师资情况，通过多种形式、方法推进工程伦理教学。虽然案例教学方法作为美国大学讲授职业伦理方面最受欢迎的方法，但同时也把如角色扮演、同行评议、小组调研等方法结合起来综合运用，使工程伦理教学效果更加明显。另一方面，案例教学方法也存在诸多问题，如设计工程师必须经常在"个人牺牲"与"无为"之间做出伦理选择而忽视工程实践和工程师角色复杂性，而通过运用现象学、互动与反思性分析的支架式教学框架（a pedagogical framework of Scaffolder, Interactive and Reflective Analysis, SIRA）、学会倾听等方法能够弥补案例教学方法的缺陷。另外，合作式教学方法已成为工程伦理教学方法的主流，机构合作、地区联盟、社区合作、师生合作等多元的平等合作成为工程伦理教学开展的重要举措。

1. 综合运用案例教学方法，提升工程伦理教学效果。使用案例推理来讲授职业伦理目前被公认为是"最佳实践"，但关于专业人员怎样使用案例推理来学习伦理学的问题仍众说纷纭，美国许多大学也在案例教学方法上进行探索。匹兹堡大学通过工程案例教导学生认识工程学和医学都有与专业实践相关的独特需求，创造一个可以更好地理解实践伦理学的学习环境，如小组讨论伦理案例、实地考察匹兹堡大学医学中心，参加匹兹堡大学医学中心儿童医院伦理委员会会议或匹兹堡大学生物伦理学中心和卫生法的生物伦理学病例研讨会等，鼓励学生详细说明案例的事实和概念并构建困境以便通过专业的伦理镜头考察他们的研究。[1] 圣母大学结合案例纳米银衬里（Nanosilver Linings）和研讨会，把主动、互动和案例式学习

---

① Goldin, I. M., Pinkus, R. L. & Ashley, K., Validity and Reliability of an Instrument for Assessing Case Analyses in Bioengineering Ethics Education, *Science and Engineering Ethics*, 2015（3）：789 – 807.

融合起来，利用角色扮演方法让学生充分体验利益相关者的角色，促使学生充分理解一个复杂的工程案例可能涉及的技术、伦理、法律、社会方面，以及相应的人际沟通能力和各种相关的职业技能。① 东北大学采用产品生命周期（Life Cycle）的方式推进工程伦理学案例研究，也就是研究从工程设计阶段、生产阶段和使用与处置阶段的经典案例，工程类学生能够理解工程活动的间接影响并进行有意义的讨论并学会如何平衡直接效益和间接影响。这种以生命周期为取向的，以案例为基础的方法填补了美国工程伦理教育案例研究资源的空白。② 罗格斯大学通过工程灾难的案例分析，把历史案例与当代问题相结合，并从多角度探究复杂的灾难，重视有关工程设计和运作中的非确定性因素与非常规运作、历史性失败、管理难题、潜在后果的估计等，为个人/公众危险和危险感知的量化提供特别细节，更加细致而深入地讨论可接受风险的相关要素，理解复杂工程风险而进行伦理决策的困难性。③

2. 运用现象学、互动与反思性分析、学会倾听等，关注工程实践和工程师角色的复杂性。针对传统工程案例教学方法的弊端和缺陷，运用现象学等方法推进工程伦理教育。密歇根理工大学以现象学方法推进工程师对工程伦理和实践问题的关注、感受，在与实践工程师交流中，通过解释、解读的方式体会工程伦理问题，运用现象知情、调查问题、交互式等多种方式扩大工程类学生认识工程、理解工程的途径，使工程伦理教学内容与方法符合工程类学生的需求并提升教学效果。④ 普渡大学的工程、通信和伦理教育者组成的多学科团队，超越案例分析，开发出一种创新型的、交互式学习系统，互动与反思性分析的支架式教学框架，并开发出一个伦理转换案例工具（Ethics Transfer Case Tool）来评估学生伦理推理的

①　Ethics When Biocomplexity Meets Human Complexity Role Play，Workshop and Nanosilver Linings Case：https：//nationalethicscenter. org/resources/7811.

②　National Academy of Engineering，*Infusing Ethics into the Development of Engineers*，the National Academies Press，2016，p. 15.

③　Ethics for First – Year STEM：A Risk Assessment – based Approach：www. asee. org/public/conferences/56/papers/11730/view.

④　Teaching Engineering Ethics：A Phenomenological Approach：http：//ieeexplore. ieee. org/xpl/mostRecentIssue. jsp？ punumber = 44.

转换能力，引导决策者在特定情况下内化四个核心伦理原则——行善、不伤害、公正，并尊重自主权，提升学生对工程伦理教育的满意度和参与度。① 弗吉尼亚理工学院把"学会倾听"作为一门课程，进行倾听能力训练，倾听工程不同利益相关者的真实想法，明确利益和价值诉求背后的文化和制度因素，并对工程案例材料和文件制度、符合"道德"原则的职业行为等进行反思，真正地促进在协商理解基础上的道德决策。② 当然许多大学也采用其他教学方法。如伍斯特理工学院主要采用角色扮演方法，学生扮演工程师、商人、科学家或工人等角色，对宏观伦理问题等进行辩论，提升跨文化沟通技巧，鉴别不同观点，学习创造性地解决复杂的社会问题。③ 乔治亚理工学院课程设计以基于问题学习为中心：在教员指导下，学生分组工作，提出、分析、应对专业实践中的复杂的、开放性的问题情境。目标是让学生设想各种可能的应对措施，然后细心考虑每项措施的基本道德价值观方面的伦理内涵。④

3. 尊重工程多元主体，推进其平等参与、合作。麻省理工学院利用校友合作等方式，关注并研究地球中的复杂现实的实践问题。学生组成一个新人学习共同体，在与校友导师、图书馆管理员、教学人员等合作基础上，充分发挥学生主导性作用，并项目化运作机制下帮助学生理解工程实践的社会、伦理、政治背景。⑤ 斯坦福大学通过开展社区合作的方式对全球文化背景下的工程伦理问题进行探讨。课程学生与印度一个服务较为匮乏的农村社区合作，每周一次与印度合作伙伴 Skype 电话，与导师每周一次团队会议，讨论影响当地经济、环境、社会、政治、伦理和文化条件方面所面临的社会挑战和解决方案。通过与印度社区真正的定期的实时联系，学生积累了实际工作条件下的直接经验，并以关护伦理学作为理论基础，真正地关注公众的想法、观点和需求，明确工程

---

① PRIME Ethics：https：//engineering. purdue. edu/BME/PRIMEEthics.

② L2L assignment：https：//www. filesanywhere. com/fs/v. aspx? v = 8b6f6a895c6072aca8.

③ National Academy of Engineering, *Infusing Ethics into the Development of Engineers*, Washington D. C. ：the National Academies Press, 2016, p. 7.

④ PHIL 3109：Engineering Ethics – Syllabus, Fall 2015：https：//drive. google. com/file/d/0B1n5fQEuOtUxQldlLUEySURRd1U/view? usp = sharing.

⑤ Team – Oriented, Project – Based Learning as a Path to Undergraduate Research：A Case Study：https：//www. dropbox. com/s/pzbz0c7kx2n57wi/CUR – ResearchSupportive – Ch5. pdf? dl = 0.

师在跨文化背景下的复杂的道德责任。[①] 得克萨斯州立大学等采用地区联盟的合作方式，把得州地区的大学包括在得克萨斯州立大学（泰勒校区）、西密歇根大学联合起来，促使学术界和产业界合作、多学科和多种机构的教师合作，将伦理内容纳入技术或非技术课程中。课程从第一个学期贯穿到最后一个学期所有的年级，由 13 位大学教学人员共同讲授，帮助下一代工程师培养并广泛地理解新兴技术特别是纳米技术所可能带来的安全、健康、环境、社会等问题，促进学生发展道德创造性。[②] 宾夕法尼亚州立大学通过校内机构莱昂哈德工程教育发展中心和宾夕法尼亚州立大学罗克伦理学研究所的合作，开展相关培训和研讨会，创建一个工程伦理教育者共同体。在跨学科（工程师与哲学家合作）和跨课程（从第一年的研讨会到毕业顶级设计和毕业班课程）协作基础上，满足基于工程学院提出的实际需求和挑战，并提供将伦理融入教学的技能，真正地以用户为导向，实现伦理教育技能和水平的提升。[③] 因此，多种方式的合作，让工程伦理学的教学内容与方法有机地融合在一起，提升了工程伦理教学效果，促使学生理解工程伦理问题的复杂性、现实性和交互性，也为更好地促进解决伦理问题提供了更多的思路与方案。

三　效果：依据 ABET 道德标准，实施综合教学评估

工程伦理教学内容的设计与方法的选择，最终需要通过教学效果的评价来判断。美国大学工程伦理教育非常重视教学效果的评价和反馈，与工程教育认证机构、工程企业、相关工程职业及时沟通交流，并吸收学生的课堂效果反馈与意见，积极调整与改变教学内容与方法，促进课堂效果的改善与提升。从一定程度上说，工程伦理课堂效果反映了教学方法与内容的合理性，以及实施的效度。美国大学通常以工程认证委员会评估的道德

---

① Developing Global Preparedness Efficacy：https：//circle. ubc. ca/handle/2429/53819.

② Infusing Ethical, Safety, Health and Environmental Education in Engineering and Technology Curricula, New Horizons in Texas STEM Education Conference：http：//nsfnuenanotra. engineering. txstate. edu/publications/conferences/contentParagraph/0/content_ files/file3/document/Infusing + Ethical% 252C + Safety% 252C + Health% 252C + and + Environmental + Education + in + Engineering and + Technology + Curricula + + SA + STEM + Conference. pdf.

③ National Academy of Engineering, *Infusing Ethics into the Development of Engineers*, Washington D. C. : the National Academies Press, 2016, p. 49.

标准为依据，通过课前课后、定性与定量、专家他评与教师自评等方式，推进工程伦理教学效果的科学评价。

（1）根据 ABET 评估指标，制定教学效果评估指标体系。美国海岸警卫队学院工程伦理课程教学效果评估把 ABET 两个评估标准进一步具体化，创建任务和评估准则来评估学生的进步。例如，ABET 的两个指标 3F 和 3H，用于评估在土木工程课程的伦理和专业问题。ABET 3F 标准"专业和伦理责任的理解"，细化为两个绩效指标进行评价：3f - 1：指出职业伦理规范的重要性；3f - 2：识别伦理困境，并按照职业伦理规范提出伦理的解决方案。ABET 3H 标准"对了解全球，经济，环境和社会环境中的工程解决方案的影响所必要的广泛教育"也转化为 3h - 1：解释工程解决方案的经济、社会和全球性问题，3h - 2：讨论工程解决方案的环境意义。为了成功实现绩效指标，建立了阈值和绩效指标，并对考试和非考试活动（如项目、作业、报告、技术报告、口头报告）设定不同的绩效目标。如果他们的得分达到或超过 70%，学生们就被认为已经表现出了业绩指标的满意成绩。① 斯坦福大学全球工程师教育课程也在满足 ABET "3H"标准，制定全球准备功效（Global Preparedness Efficacy，GPE）指标。② 该指标是在建立与全球社区工作时，理解多样化的文化、社会、政治、经济、语言环境和相应的伦理困境。测量方案分析学生并反思发生的偶然性事件，研究这些已解决和未解决的不连续性事件是如何发生的。GPE 作为解决偶然性事件的比率，体现调查问题的复杂性和新颖性，以及创造性地解决与全球社会经济、政治和文化相关问题的能力。③

（2）通过综合教学评估，关注伦理教育引起的变化。弗吉尼亚理工大学"学会倾听"课程提升工程学生聆听公众声音的能力，关注被人们忽视的真实想法。通过调查问卷定性分析学生课前课后的多种变化，如课前许多学生认为工程与道德规则无关、公众不同于工程师或科学家、工程

---

①　National Academy of Engineering, Infusing Ethics into the Development of Engineers, Washington D. C.：the National Academies Press, 2016, pp. 35 - 36.

②　Global Preparedness Efficacy：https：//open. library. ubc. ca/cIRcle/collections/52657/items/1. 0064754.

③　Hariharan, B., *Innovating Capability for Continuity of inquiry in the Face of Discontinuity Within the Context of Engineering Education Research*, Stanford University, 2011.

师与公众之间互动存在一定危险性等，而课后学生的认识与理解发生了巨大变化，学生了解工程师在现实世界中如何展开工作，认识到工程师与公众有着不同的权力与关系、工程师应该向公众讲述技术信息，公众有知情权等。① 宾夕法尼亚州立大学工程伦理课程研讨会评估关注参加研讨会多年后的参与者还感受到什么影响。采访过去的参与者，询问他们发现研讨会什么是最有用的，他们仍使用研讨会的什么内容。工程伦理课堂效果评估的课程前后效果评价作为重要的课堂效果评价方式也存在不足之处，即历时时间段过短，即使课后效果短时间内可能效果很好，但是缺乏长期课堂效果的评估。而宾大的参访评估明显弥补了课堂前后效果评估的缺陷与不足。如此长时间的课堂效果影响和评价则为调整和改善课堂教学提供了良好的实践效果支撑和依据。② 密歇根理工大学主要从定量和定性方法进行评估。定量评估是工程伦理课程常用的评估方法，即在定量方法上使用界定问题测试－2，设计一个多项选择题测试，有五个特定的非工程情境展现各种伦理困境。定性评估是通过期末论文来评价伦理判断、推理和论证能力的提升与改变，并从工程案例细节的分析来评价学生对工程伦理问题的掌握水平。③ 普渡大学工程伦理课程效果评估具有更强的典型性和科学性。它不仅评估课程效果如何，更把学生的参与度和满意度也纳入课堂效果评估中来。为了评估学生伦理推理发展的影响，在三个定量评估措施上对结果进行测量：a. 完善并定期应用界定问题测试－2；b. 新开发特定工程的伦理评估工具—工程伦理论证工具（the Engineering Ethics Reasoning Instrument，EERI），以及 c. 新型伦理转换案例方法。在一般情况下用界定问题测试－2进行测量，工程伦理论证评估工具测量在工程环境下测量伦理推理的发展状况。为了评估学生对工程伦理教育的满意度和参与度的影响，发现两种方法较为有效：一是多媒体案例视频能非常有效地吸引学生并提供新的信息；二是学生相互讨论影片最为重要的是要理解伦理，培养批判性思维并指导决策。④

---

① 2012 Syllabus：Https：//www. filesanywhere. com/fs/v. aspx？ v = 8b6f6a8b595e6fab72a2.

② National Academy of Engineering，*Infusing Ethics into the Development of Engineers*，Washington D. C. ：the National Academies Press，2016，pp. 49 – 50.

③ Ibid. ，pp. 24 – 25.

④ PRIME Ethics：https：//engineering. purdue. edu/BME/PRIMEEthics.

（3）运用综合评价方式，提升工程伦理教学效果。堪萨斯州立大学"工程的责任：规范与职业化"课程采用学生评价和机构评估两种方式，对学生进行主客观的直接评价，IDEA 课程评估过程中心用于正式的评估课程。① 弗吉尼亚大学技术教育和伦理学课程对学生的教学效果从短期、即时和长期反馈回应；根据 ABET 要求评价学生论文，从最差和最好论文中进行比较，更多了解学生存在的问题与优势在哪里。对于优秀的 STS 论文，推荐参与国际科学与技术学会并参加相关机构举办的多种活动等。② 麻省理工学院"地球研究"课程的第一个衡量标准是学生实践工作的质量，每年专家组都对学生有创造力的、彻底的解决方案印象深刻；同时教师也对学生每年的经历进行了细节评估，关注课程中学生团队解决复杂问题的程度，以及团队建设、项目管理的合作情况和课程提升他们的潜力程度。③ 东北大学工程伦理案例课程，紧密结合土木工程专业，把跨学科、多学科融合结合起来，并从一年级持续到四年级，使工程伦理课程效果呈现阶梯式增长。课堂效果评估紧密结合工程师注册考试内容，从多年的东北大学学生考试的成绩来看一直高于全国平均分。④ 得克萨斯州立大学等在对纳米等新兴技术伦理课程效果的评估过程中，采用多种评估方式相结合来推进伦理课程效果的实施。通过学术和产业咨询委员会来评估模块设计，通过课堂作业来评估学习成果，一个外部评估员对学生提供的每一个模块的评价进行期间评估和实地考察，以及学术及产业咨询委员会跟进评估。⑤ 工程伦理教师、专家和机构等对学生的主客观评价进行综合判断和改进，推进工程伦理教育内容和方法的改进，以更好地适应工程复杂实践

---

① National Academy of Engineering, *Infusing Ethics into the Development of Engineers*, Washington D. C. : the National Academies Press, 2016, pp. 3 – 4.

② Ibid. , p. 12.

③ Team – Oriented, Project – Based Learning as a Path to Undergraduate Research: A Case Study: https: //www. dropbox. com/s/pzbz0c7kx2n57wi/CUR – ResearchSupportive – Ch5. pdf? dl = 0.

④ National Academy of Engineering, *Infusing Ethics into the Development of Engineers*, Washington D. C. : the National Academies Press, 2016, p. 38.

⑤ Infusing Ethical, Safety, Health and Environmental Education in Engineering and Technology Curricula, New Horizons in Texas STEM Education Conference: http: //nsfnuenanotra. engineering. txstate. edu/publications/conferences/contentParagraph/0/content_ files/file3/document/Infusing + Ethical% 252C + Safety% 252C + Health% 252C + and + Environmental + Education + in + Engineering + and + Technology + Curricula + + SA + STEM + Conference. pdf.

的需要和工程类学生自我发展的需求。

四　余论

通过分析当前美国二十多所大学工程伦理课程的设计、实施和评估，我们发现工程伦理教学效果与教学内容设计与教学方法的选择密切相关，而且三者之间相互促进、共同发展，提升工程伦理教学效果。工程伦理教学内容承载着专业特色、实践需求和学生要求，内容设计是否符合工程伦理学的学科特点直接决定了教学效果，教学内容和课程体系建设是工程伦理教学效果良好的前提和基础；工程伦理教学方法的选择，作为教学主体的教师要考虑自身的个性与专业背景，明确工程系统的过程复杂性、主体多元性、影响深远性等特征，关注工程实践中工程师在与工程利益相关者的复杂的利益和价值冲突，采用针对性较强而且更具有实践操作性的教学方法；而工程伦理教学效果的评估与反馈则进一步促进教学内容和方法的调整，使教学内容、方法和效果有机融合。工程伦理教学内容呈现出专业性与多样性、理论性与实践性、学科性与交叉性的多元融合，多种方式、方法的工程伦理教学与课程体系紧密地结合学校专业和职业特点，密切关注工程实践问题，从多维度、多领域地研究和教授工程伦理问题，使工程师能够更加深入地理解和认识工程师的职业精神和道德责任。

一方面，工程伦理教学效果评价是较为复杂的过程，不仅涉及即时的课堂效果判断，也涉及前期的、短期的和后期的效果评价。从这一角度看历时较长，特别是长时间后的教学效果如何评价则更为复杂。另一方面，工程伦理课程教学效果也与其他课程一起构成学生对于伦理问题的理解与认识，工程伦理课堂效果还受到其他课程、课堂的影响，学生先期的知识基础、理论储备等都与课堂效果关系密切。为提升工程伦理课堂效果，建议设计系列职业伦理素养课程，把职业伦理素养融入个体素养、公共道德与专业美德中来，工程伦理课程体系真正地体现出跨学科、多学科融合和结合的特点。工程自身的价值需求和道德内涵是内在于工程活动和工程职业的，不是由外从内地引入而是由内而外地生发。诸如工程职业或工程活动的核心或本质价值是什么等问题，应成为工程师职业群体和个体需要深入反思的内容，也是工程职业得以存在和可能的价值基础。如果工程师或工程活动背离了自身存在的价值基础，那么这个职业或实践活动就没有存在的意义和前提。因之，工程伦理教育就是教育工程师理解工程、认可工程职业，认识工程自身发展的合理性基础。宣扬和教育工程价值的职业伦理教育和专业价值教育的结合才会使工程伦理教学效果成为一个体系和系统，才会使工程类学生真正地理解、认识工程职业的神圣性和价值性，领悟工程的真、善与美。

第五节   工程伦理学:跨学科协作研究的典范*

一   全面践行教育部"2011 计划"，推动学校跨学科研究发展

我国教育部推动实施"高等学校创新能力提升计划"（以下简称"2011 计划"），为新时期高校科技创新发展指明了前进方向与现实路径。"协同创新"是实现"2011 计划"的重要途径，而实现协同创新需要创建新的机制和体制。目前，国内许多著名高校或研究院所虽然建立了工程实验平台和协同创新中心，但是对于如何有效地整合资源，促进"人才、资本、信息、技术"等创新要素激发活力，从而实现深度合作的机制和制度研究方面还比较缺乏，都是各个协同创新中心自身在尝试探索，没有形成较为系统科学、合理规范的运行机制和管理体系，大大限制了各个协同创新中心的创新能力和科技贡献力。

实现协同创新的重要方式是推进跨学科研究。当今的许多重大科学研究几乎都是在跨学科领域展开，许多世界一流大学已经把跨学科作为一种大学理念渗透到大学的全部活动当中。协同创新的前提之一是建立在跨学科的项目上，只有找到了跨学科的研究方向，才具备了协同的基础；只有跨学科，协同创新才具有实质的意义。但是，目前国内高校对于如何推进跨学科合作研究方面没有系统的研究成果和操作经验，也没有一个比较成熟的跨专业学科可以参考学习，这也限制了协同创新能力的提升。因此，需要积极学习和借鉴国外先进经验和管理制度。

工程伦理学已成为跨学科协作研究的典范。美国国家社会环境研究中心的成立运行更是从制度、规范层面全面促进多学科协同创新，荣誉研讨课程也作为美国高等教育在课程教学中运行协作研究的重要方式。因此，全面研究并借鉴美国工程伦理学、社会环境研究中心、荣誉研讨课的运行

---

* 本文原载《科技管理研究》2016 年第 1 期。

经验和管理规范，能够促进各类学校在科学研究、教育教学等方面的跨学科合作，推动协同创新发展，整体提升我国高校的教学水平和科研能力。

二 研究并借鉴美国跨学科协作创新方法和经验，形成学校跨学科发展特色

（一）美国工程伦理学的内涵与发展成为跨学科研究的典范

工程伦理学（Engineering Ethics or Ethics in Engineering）的内涵主要包括两个方面，正如美国著名伦理学家 M. 马丁（Mike W. Martin）从伦理学的描述和规范意义上界定了工程伦理学。从规范意义上（Nornative Sense）看，包括两层含义：其一，伦理学等同于道德，工程伦理学包括从事于工程的人所必须认可的责任与权利，也包括在工程中所渴望的理想与个体义务；其二，伦理学是研究道德的学问，工程伦理学是研究工程实践和研究中道德上必需的决策、政策和价值。从描述意义（Descriptive Sense）上看，也包括两层含义：其一是指工程师伦理学，研究具体个体或团体相信什么并且如何开展行动；其二是指社会学家研究伦理学，包括调查民意、观察行为、审查职业协会制定的文件，并且揭示形成工程伦理学的社会动力①。从工程伦理学的概念界定来看，规范意义上的工程伦理学强调从伦理角度审视工程，促进工程与伦理的结合性；描述意义上的工程伦理学注重强调工程活动的伦理价值。当然，无论是描述意义还是规范意义，都强调从伦理学角度来探讨工程中的伦理问题，研究工程主体的道德价值，探讨工程决策、政策、活动的道德正当性。可见，工程伦理内涵要求工程专业学者和伦理学家的合作研究，促进伦理学和工程学的跨学科研究。

自 20 世纪 70 年代工程伦理学在美国产生时起，其充分运用、实施跨学科研究和教育教学，自 80 年代以来产生了多学科的研究团队，并且许多资金也用来发展工程伦理研究项目。1978—1980 年关于哲学和工程伦理学的国家项目由罗伯特·鲍姆（Robert Baum）主持，由国家人文学科基金（NDH）和国家科学基金会（NSF）资助，18 位工程师和哲学家组成的团队参

---

① Mike W. Martin, Roland Schinzinger, *Ethics in Engineering*, Boston: McGraw – Hill, 2005: 8 – 9.

与了这一项目，其中每个人都探讨了工程中被忽视的伦理问题①。20 世纪 80 年代，在各大工程社团资金的资助下，许多学者对于诸如美国电子电气工程师协会（the Institute of Electrical and Electronics Engineers，IEEE）、美国机械工程师协会（the American Society of Mechanical Engineers，ASME）、美国化学工程师协会（the American Institution of Chemical Engineers，AICE）等工程社团的历史进行了专题研究②；同时，哲学家和工程师也联合起来书写了工程中的伦理问题，例如，由哲学家（Martin）和工程师（Schinzinger）所出版的《工程中的伦理学》（*Ethics in Engineering*），以及由两位工程师（Harris and Rabins）和一位哲学家（Pritchard）共同出版的《工程伦理学》（*Engineering Ethics*），这些都是合作发展的典范。

著名工程伦理学家 M. 戴维斯（Michael Davis）③ 认为美国工程伦理应该加强研究技术的社会政策与社会境域等问题，指出应该从组织的文化、政治环境、法律环境、角色等六个方面进行探讨，在工程伦理学的教学过程中应该也从历史学、社会学和法律等方面阐述工程决策的境域。哈里斯④也认为在跨学科研究中应该把 STS 和技术哲学融入工程伦理学研究中，更需要关注技术的社会政策和民主商议，从更宏观的角度来研究工程伦理学。

1985 年，工程与技术认证委员会（the Accreditation Board for Engineering and Technology，ABET）要求美国的工程院校必须把培养学生"工程职业和实践的伦理特征的认识"作为接受认证的一个条件。2000 年，工程与技术认证委员会制定更为具体的方针，当前工程院校正在按照这些方针来操作。美国工程伦理学研究和教学大力推进跨学科研究工作，有力地推动了工程专业类学生对工程的理解和认识，明确工程专业责任，提高了道德敏感性，提高了工程职业素养。正如美国国家科学院、国家工程院

---

① ［美］迈克·W. 马丁：《美国的工程伦理学》，张恒力译，胡新和校，《自然辩证法通讯》2007 年第 3 期，第 107 页。

② 张恒力、胡新和：《福祉与责任——美国工程伦理学述评》，《哲学动态》2007 年第 8 期，第 60 页。

③ Michael Davis, *Engineering Ethics*, *Individuals and Organizations Science and Engineering Ethics*, 2006（12）：223 –231.

④ ［美］查里斯·E. 哈里斯：《美国工程伦理学：早期的主题与新的方向》，潘磊、丛杭青译校，载杜澄、李伯聪主编《工程研究——跨学科视野中的工程》，北京理工大学出版社 2007 年版。

在《2020 年的工程师：新世纪工程学发展的远景》中指出，工程师应该成为受全面教育的人，有全球公民意识的人，在商业和公众事务中有领导能力的人，有伦理道德的人。[①]

（二）美国国家环境与社会综合研究中心成为跨学科研究平台运行的重要参考

2011 年 8 月 2 日，美国国家社会环境学综合研究中心（National Socio - Environmental Synthesis Center，SESYNC）（美国首个国家级跨学科研究中心）在美国马里兰大学建立。该中心由美国国家科学基金会拨款 2750 万美元建成，将致力于研究水资源、粮食生产、生态系统，以及人类活动对环境造成的影响，旨在为当前日益严峻的环境问题寻求政策方面的解决方案。[②] 该研究中心的组织结构如图 2—2 所示。

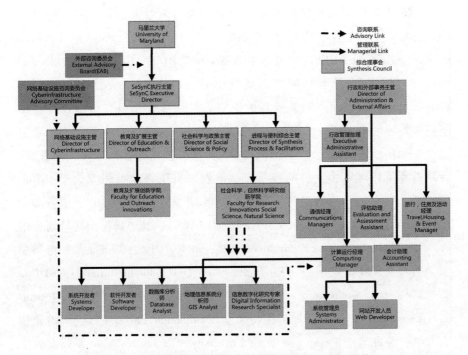

图 2—2　美国国家环境与社会综合研究中心组织结构

① National Academy of Engineering（NAE），*The Engineer of 2020：Visions of Engineering in the New Century*，Washington D. C.：National Academies Press，2004.

② 美国国家环境与社会综合研究中心相关信息参见网站：http：//www. sesync. org/。

1. 任务与宗旨：国家社会环境综合研究中心将推动可操作的综合研究以及与社会环境系统的结构、功能和可持续性相关的教育工作等。

2. 理念与价值观：研究中心的价值观是，今天的环境问题只能通过自然科学家、社会科学家和政策制定者一起合作，在区分优先的，以及能够合作研究问题的基础上才能解决。解决这些问题将需要一个联合体，把最基础的、"发现"动力的综合研究结合起来，而这些"发现"动力的研究也将与定向的、平移的知识联系起来。只有当不同研究团队的理念、观点和创新得到技术和组织的支持并发展时，最有效且最先进的社会环境综合研究成果才能诞生。国家社会环境综合研究中心将提供支持，包括基本的运算和运行支持，而这些支持也能够满足社会环境综合研究的发展要求，以推进创新的方法和日益扩大的不同领域的研究。

3. 合作者：国家自然科学基金委员会为马里兰大学研究中心提供支持，另外的支持来自于马里兰大学环境科学研究中心（Center for Environmental Science，UMCES）以及未来资源学研究中心（Resources for the Future，RFF）。国家社会环境综合研究中心（SESYNC）支持安纳波利斯（Annapolis，MD 马里兰州首府）的研究人员从事合作研究活动以及位于华盛顿特区的未来资源学研究中心工作人员的研究工作。其他的合作者主要集中于核心建议的提出与描述，这些合作者包括社会科学家、教育家、计算机专家和可持续发展的科学家。他们来自于密歇根州立大学（University of Michigan）、马里兰大学先进计算研究院（University of Maryland Institute for Advanced Computer Studies，UMIACS）、赫尔姆霍茨环境研究中心（Helmholtz Centre for Environmental Research – UFZ，Germany）、哥特堡大学的环境发展研究中心（Environment for Development Initiative，EDL at the University of Gothenburg，Sweden）、凯里生态系统研究院（Cary Institute of Ecosystem Studies）、加劳德特大学（Gallaudet University）、华盛顿州立大学—温哥华（Washington State University – Vancouver）、寇平州立大学（Coppin State University）。

4. 操作与运行：为应对环境与社会的挑战，聘请包括博士后、休假研究员、研究生和本科生实习等人员进行"短期课程""研讨会"等活动，其中主要是通过两个核心方案促进中心的运行与管理——专题研究与风险投资公司。

（1）专题研究是个人的综合项目，涉及一个或多个地区，而仅仅研究一个主题的关键问题。SESYNC 在推动团队合作过程中选择多个主题，每个主题都能带来一定的投资效益。同时，研究中心将持续研究 2—3 个主题。专题研究的做法提供一个战略的视角，促进引导在研究主题上的合作研究。这一专题研究将努力建立可操作的科学，促进合作学习，共享数据、计算和可视化工具。这一研究将全部集中于提高个人研究成功的同时利用一个主题研究活动，以实现更大的整体效果。这一专题性构架提供一个机会，给予不同的研究人员一个共同点，关注时间和空间上的利益问题。

（2）风险投资公司：在项目研究中，这些企业能够快速发展起来。他们不必依赖于当前的研究主题，而更关注新颖、创造和时效。虽然企业研究项目风险高，但潜在的回报也高。他们善于抓住社会发展的迫切需求，开发新工具或新方法以推进企业进步。这非常有利于推进多学科合作或研究环境综合知识问题。

该研究中心的部分合作项目如表 2—6 所示[①]。

表 2—6　　　　　美国国家环境与社会综合研究中心合作项目

首席研究员	投资年份	项目名称
凯瑟琳·米度凯普，美国威斯康星大学麦迪逊分校 梅尔文·乔治，美国密苏里大学 朱迪·瑞麦利，威诺纳州立大学	2012	转变本科 STEM 教育的国家政策
林伍德·彭德尔顿，杜克大学（Duke University） 萨拉·库利，伍兹霍尔海洋研究所	2012	利用空间数据和分析了解人类对海洋酸化影响
阿伦·阿格拉瓦尔，IFRI 协调人，教授，美国密歇根州 彼得·牛顿，IFRI 博士后，天然资源与环境学院，美国密歇根州	2012	国际森林资源和机构（IFRI）研究森林的社会生态系统的可操作科学

① 注释：具体项目内容详见美国国家环境与社会综合研究中心网站项目资助栏目，ht-tp：//www.sesync.org/projects - results/funded - projects。

首席研究员	投资年份	项目名称
赛迪斯－米勒，波特兰州立大学可持续的解决方案	2012	结合社会环境变化的科学
比尔·费根，SESYNC，副主任，美国马里兰大学研究创新	2012	宏观进化的生态系统服务功能
莱斯利·里斯，SESYNC	2012	公民科学，蝴蝶监测，与网络基础设施
布兰登·费雪，世界野生动物基金会保护科学程序，泰勒里基茨，冈德生态经济学研究所，佛蒙特大学	2012	评估人类健康和福祉，生态条件，自然资源管理之间的关系
卫宁祥，华东师范大学 约翰·纳塞尔，天然资源与环境学院，密歇根大学	2012	综合理解中国城市生态系统的规划和管理
布赖恩·麦吉尔，缅因大学的生物学和生态学 凯瑟琳·贝尔，经济学院，缅因大学	2012	农村森林群落，在一个转折点吗？趋势和可操作的研究机会
罗伯特·麦克纳德，美国大自然保护协会 德博拉·巴尔克，城市纽约理工大学人口研究和巴鲁克学院	2012	创造一个全球性的数据库，以说明城市不同人群是如何依赖于淡水生态系统

（三）美国马里兰大学的荣誉研讨课程成为跨学科研究与教育教学的经典案例

荣誉研讨课（Honors Seminars）是一个具有挑战性的荣誉课程所必不可少的一个部分：一个小班教学，紧密结合教师当前的研究问题，并向学生介绍各个学科的价值和作用。反过来，荣誉研讨课也是给教师提供机会探索新的课题并推进创新的教学方法实验。所有的荣誉研讨课强调提高批判性思维技能并应该设计及鼓励来自不同专业学生的充分参与。马里兰大学巴尔的摩郡分校（University of Maryland，Baltimore County，UMBC）的教师可通过提交申请来执教荣誉研讨课①。

荣誉研讨课的课程具有七个方面的特色：（1）分析和解释（Analysis and Exposition），包含荣誉课程发展分析和解释能力：思考和推理的能力，以及对思考和推理的结果的表达能力；（2）合作教学（Collaborative Teaching and Learning）：荣誉课程导师必须敏锐地区分教与学，并且使用合作教学方法而不是"空船"（Empty Vessel）法教学；（3）小班（Smaller Classes）：荣誉讲座被限制为不超过25名学生；（4）对话（Dialogue）：小规模的荣誉课程就是引导教师能够鼓励所有课程中的学生参与到课堂对话活动中去；（5）写作（Writing）：写作也是学习，所以荣誉课程比一般课程要求有相当大数量的写作内容；（6）跨学科（Interdisciplinary）：荣誉课程经常跨越课程边界，目的是在获知这些学科特征的不同方法之间取得联系；（7）反思（Reflection）：荣誉课程要求学生对与他们相关的教育和专业课程进行反思。其中，跨学科、合作教学等特色也成为吸引学生的重要因素，也是推进课程向综合性研究发展的根本性要素。

一些课程开设效果较好，充分体现了综合性、跨学科性，推动学生全方位地思考和参与。比如，荣誉研讨课《人类：大脑与思想》（*Being Human：Brain，Mind & You*，编号为 Honr - 200 - 01），课程内容主要为"我们很少有人花时间来研究我们的思想是如何运作的？它是怎么工作的？它在做什么？它又暗示着什么？将通过多学科的知识来推进研究这些问题，这些学科包括哲学、精神病学、生物进化理论、宗教、天文学、心理学、医学、教育学、人类学、文学、量子物理学和生理学；同时，学生将使用一系列的技术来研究他们自己思想的本质，通过直接经验提供课程原始资料；另外，每周作业是学生将设计一个研究试验来验证一个与他们课程资料相关的个体假设。"荣誉研讨课《认识艾滋病》（*Understanding HIV & AIDS*，编号为 Honr - 300 - 01），这一课程将集中于美国"HIV &

① 马里兰大学荣誉研讨课内容参见网站：http：//www.umbc.edu/honors/pdf/2011fellowsapp.pdf。

AIDS"被理解的方式，包括这一术语的国内展现和全球表达的方式，将从生物学、政策学、艺术学和行动者方面来考察他们关于病毒的知识，并考察他们又将这些知识、认识如何相互依存的；也将考察这些知识是如何跨学科的，并且当它们以自己的意义而相互依赖时，这些意义也常常是自相矛盾的甚至最终是不真实的。参考书来自于所有的这些学科，但是课程也不需要对这些内容特别专业。除了这些参考书，也将会有短的或长的写作作业，以及一个小团队项目——进行关于HIV & AIDS跨文化认识的讨论。再如荣誉研讨课《移动社会世界的安全与隐私》(*Security and Privacy in a Mobile, Social World*，编号为Honr - 300 - 03)，认为"在一个计算机无处不在的社会中，在任何时间、任何地点都能够取得社会联系，这一技术使这些可能的行为变得更加生动，却很少关注到所付出的社会和公共政策的代价，特别关系到安全和隐私问题。在课程中，通过考察破坏隐私和安全的案例，评估设计出保护隐私和安全的法律与规章制度；学术共同体要对这一领域的相关问题研究付出一定的努力。技术要求不是本课程必需的，但是需要使用一定的社会中介系统或相当高级的手机通信。课程要求两个短的论文、一个团队项目和一次考试。"我们可以看出，这些课程充分体现了一个重要特点即跨学科，从学科交叉、学科融合等多角度去解读、认识和探索某些社会的焦点问题，如隐私问题、安全问题；去发现一些科学问题，如人类的大脑如何工作等。从跨学科角度来探索某些问题，使问题变得更加有趣，更加容易让学生接受，也更加符合问题自身的内在性要求，有助于更加清晰地认识问题或事物的本质。

三　若干启示

（一）在科学研究方面，加强工程类试验平台和协同创新中心重视"跨学科"研究，推动学科交叉和学科研究交流合作，提高创新能力和水平。如美国马里兰大学"国家环境与社会研究中心""专题研究"和"风险投资公司"可作为重要的参考内容。我们在跨学科研究过程中，可适当地引入风险投资，制订更为科学合理的利益分配方案，推动学校跨学科协作研究进展；借鉴美国国家环境与社会研究中心的管理运行机制、推进协同创新的操作方法与程序，以及相关政策制度等，理解其促进社会科学家与自然科学家充分合作交流的协作机制和激励机制。

（二）在教育教学方面，促进学校课程教育教学改革，促进跨学科核心课程建设，推动跨学科协作教学。可借鉴美国马里兰大学的荣誉研讨课程的课程体系、课程内容、教学方法等，同时立足于各类学校工程类学科特色，加强与之相关的课程的设置与设计，也可将工程伦理学等美国较为成熟的课程内容作为课程研究基点，推动学校课程改革进程。

（三）在运行管理机制方面，建议各类学校从整体上、战略上制定协同创新的规范和机制，引导各个专业或学科从各自专业特色出发，制定切实可行的、可操作的协同合作规范制度。例如，北京工业大学全面落实"2011 计划"，加强"首都世界城市顺畅交通协同创新中心""北京资源循环材料协同创新中心""北京社会建设协同创新中心"3 个协同创新中心的运行管理，提高了学校的研究水平和整体研究能力，进而提高了学校的整体创新能力。

第三章 从伦理规范到道德理想

——工程伦理规范历程与标准

第一节 工程伦理规范何以可能*

在我国注重原始创新、强调科技创新发展的情况下，科研伦理规范（学术道德规范等）成为当下科学活动最重要的话题之一。关注、重视并制定科学家群体的科学伦理规范成为科学研究发展的必要内容，政府部门或科研机构、大学等纷纷制定各类科研伦理规范等。① 然而，与科学家对应的另一群体工程师的工程伦理规范②却鲜有关注。如果说科学活动的核心是科学家科学研究"求真"而发现自然规律、探求真理的过程，那么工程活动的焦点则是工程师在工程设计中"求新"并推进技术精进、保障安全的过程。科研活动的过程通过科研伦理规范或学术道德规范来指导或引导科学家的科学研究活动；工程设计等的过程则理应是通过工程伦理规范来引导或指导工程师的工程创造活动等。

当今世界各国尤其是美国等发达国家工程伦理规范的制定和完善已有百余年历史，科学、合理、专业的工程伦理规范已成为工程职业制度的重

---

* 本文原载《东北大学学报》（社会科学版）2017 年第 5 期。

① 国家科技部、教育部、中国科协、中国科学院、中国工程院、国家自然基金委员会以及各个大学等制定各类的科研伦理规范/学术道德指南等。2015 年七大部门联合制定《发表学术论文"五不准"》活动等。内容详见 http://edu.people.com.cn/n/2015/1204/c1053 - 27889594.html。

② 工程伦理规范是指工程师职业协会制定的专业工程师职业行为的道德准则，是工程师在工程实践中遵循的道德原则和具体规则，彰显了工程师的道德理想和职业精神。具体内容详见〔美〕迈克尔·戴维斯《像工程师那样思考》，丛杭青等译，浙江大学出版社 2012 年版。

要内容，也为工程师在工程设计和创新活动中提供道德指南和行为参考，大大地提升了工程职业人员的工程创新水平和能力。当前，我国在强调技术创新发展，推进我国由工程大国向工程强国发展过程中，工程伦理规范理应成为推进"卓越工程"和"工程卓越"必要的制度保障，成为工程职业化发展的应有之义，更是培养创新型工程师和工程教育改革的必要内容。因此，本书在阐述工程伦理规范发展历史基础上，对科学伦理规范和工程伦理规范进行比较分析，指出工程伦理规范的独特性、合理性、可行性的理论和实践依据，明晰我国工程伦理规范存在的认知误区和工程职业制度缺陷，提出工程伦理规范制定和完善的对策建议，以推动我国工程师职业化和制度化建设，更好地推进我国工程技术的创新和发展。

一　工程伦理规范的历史溯源

相比较医学伦理规范起源于公元前5世纪之前的希波克拉底誓言，工程伦理规范则起源于近代工程师职业的崛起，以及工程师职业群体对于自身管理和职业自治的发展需要。近代民用工程师产生于军事工程师，为了与军事工程师相区分，英国工程师斯密顿（Joseph Smeaton）指明自己是使用"民用"（civil）工程师术语的第一人，并成立斯密顿学会，也是英国第一个民用工程师协会①。美国于1852年成立了土木工程师协会（ASCE），声称代表除了军事工程师之外的所有工程师群体，并推动职业自治发展。在ASCE伞状结构的工程职业组织之下，在19世纪下半叶许多工程师职业组织如美国机械工程师协会、美国电子工程师协会、美国采矿工程师协会等应运而生，他们之间的斗争与合作有力地推动了美国工程职业快速发展②。与此同时，工程伦理规范的制定和讨论成为许多工程师协会发展的重要内容。以ASCE为例，从成立起到1914年工程伦理规范的制定，进行过三次重要的争论③，争论的焦点是"工程伦理规范的必要

① Mitcham C. A., Historico – Ethical Perspective on Engineering Education: From Use and Convenience to Policy Engagement, *Engineering Studies*, 2009 (1): 35 –53.

② Layton E. T., *The Revolt of the Engineers: Social Responsibility and the American Engineering Profession*, Cleveland : The Press of Case Western Reserve University, 1971.

③ Pfatteicher S. K. A., Depending on Character: ASCE Shapes Its First Code of Ethics, *Journal of Professional Issues in Engineering Education and Practice*, 2003 (1): 21 –31.

性何在"？即大部分职业成员认为没有制定伦理规范的必要，成员都是道德高尚的人或者是模范人物，职业活动中出现的问题也是工程师个体道德的事情。但是，在19世纪末20世纪初，工程师职业群体人员数量的增多，使制定工程伦理规范成为职业发展的重要议题。1911年美国顾问工程师协会制定伦理规范；1912年美国机械工程师协会采用伦理规范，1914年美国土木工程师协会和美国电子工程师协会也同时颁布伦理规范。起源并分离于军事工程师的民用工程师，其后制定的工程伦理规范带有鲜明的军事特征"忠诚"。这一时期工程伦理规范的特征主要是忠诚于雇主和职业，忠诚成为工程伦理规范的核心特征。到20世纪30年代，几乎所有的工程职业都制定了本职业的伦理规范①，也作为一种工具来提升职业发展和荣誉。此后，工程伦理规范进行了调整和完善，在20世纪五六十年代，突出强调工程师把公众的安全、健康和福祉放到至高无上的地位，从某种意义上说，从忠诚于雇主转变为关注和重视公众的需求。在70年代随着经济全球化及环境问题的突出，工程师伦理规范增加了保护环境、维护生态平衡、提倡可持续发展战略，以及关注全球视野中的工程活动、文化冲突等内容。从20世纪初工程伦理规范的制定到20世纪末工程伦理规范的调整和完善，工程伦理规范成为工程职业发展的重要内容，也成为工程师工程职业活动的必要指南和参考。

反观我国工程职业发展的历史，1913年詹天佑创立中华工程师会，《中华工程师会简章》宗旨为"发达工程事业，俾得利用厚生，增进社会之幸福"②。其后詹天佑多次强调并重视工程师职业道德问题，在《敬告交通界青年工学家》一文中从业务、道德、守规和处世四个方面对工程师能力素质提出明确要求，即"精研学术以资发明""崇尚道德而高人格""循序以进，毋越范围""筹划须详，临事以慎"③。1931年，中国工程师学会成立，1933年参照他国经验，在借鉴ASCE伦理规范的基础上制定工程师信条。1941年，为抗日需要，中国工程师学会调整规范为8条伦理规则，为全面抗日团结工程技术人员推进企业技术发展创造了良好

----

① Hughes H. , The Search for a Single Code, *Consulting Engineers*, 1960（15）：112 – 121.

② 中华工程师会：《中华工程师会报告》1913年第1期。

③ 詹天佑、詹同济：《詹天佑创业著述精选和创业哲学思想研究》，广东省地图出版社1999年版，第23页。

的基础。① 1951 年中国工程师学会在中国台湾复会，并于 1996 年制定对社会、雇主、专业和同僚负责的工程师信条和执行细则，大力推进了中国台湾工程职业发展。② 中国大陆工程师协会，自 1978 年改革开放之后，许多工程师协会成立但是并没有相应的伦理规范，中国科协组织下的工程职业协会及其他部门的工程职业组织有 100 多个，仅有 5 部成文的工程伦理规范。③ 从某种程度上可以说，工程伦理规范的缺乏、滞后，制约了中国工程师职业的发展，也不利于激发工程师的职业意识和职业精神，限制了工程师的创造力和创新水平的发挥。

二　工程与科学伦理规范相异而生

科学伦理规范规定科学共同体在科学研究活动中的基本行为准则。从科学活动的基本特点来看，自近代科学产生以来，研究自然规律、科学研究也逐渐成为一种建制化的职业活动，形成了科学家共同体的职业活动，现代科学不再是单兵作战、纯粹的兴趣和爱好，而变成集体合作研究、多个单位合作、众多科学家团体相互合作研究的过程。科学活动也在以研究项目资助或支持的形式推进。在这一过程中，科学研究活动如何展开、科学合作如何进行、科学项目如何申请等，成为科学研究活动中最为常见的现象或问题。在求真、探索真理的过程中，如何处理多个合作单位的利益关系、个体科学家之间的关系，以及科学研究中的具体问题如研究、成果发表等问题都涉及一些具体的标准或程序。近代科学社会学家莫顿提出科学四方面的精神气质如普遍性、公有性、无私利性、普遍的怀疑和批判等，也成为科学发展的基本价值导向。④ 科学本身的这些特点，决定了科学研究也要符合科学自身的价值需要。但是，科学实践中的科学家群体由于也是社会中的成员、科研单位的职员，也要受到各种利益关系、上级要

---

① 中国工程师学会：《中国工程师学会三十周年纪念册》，上海图书馆藏 1946 年版。

② 工程师信条：http://www.cie.org.tw。

③ 截至 2016 年 5 月，笔者调研发现，5 部成文工程伦理规范为：《中国工程咨询业职业道德行为准则》（1999.1 制定，2010.12 修订）、《造价工程师职业道德行为准则》（2002.6.18 制定）、《设备监理工程师职业道德行为准则》（2009.2.18）、《工程勘察与岩土工程行业从业人员职业道德准则》（2014.1.20）、《建设监理人员职业道德行为准则（试行）》（2015.1.23）。

④ Merton R. K., *Science Technology and Society in Seventeenth Century England*, New York: Harper & Row, 1970.

求等各种外在性关系的影响，在一定程度上可能影响科研活动的正常有序进行。常见的现象有科研论文的署名问题、科研中篡改修饰、乱造数据等；科研项目申请、评估过程中的各种暗箱操作等。毫无疑问，这些问题是与科学活动、科学特点、科学价值紧密地联系的，违背了科学研究规律、科学价值的活动必然违反成文的科研道德规范，干扰科学活动正常有序进行。

工程与科研伦理规范相比较主要有两个方面的相似性。一是两者都体现了科学家和工程师各自的道德理想和职业道德要求。科研伦理规范符合科学家共同体科学活动的基本特点，符合科学家共同的道德理想，是他们在科学活动中自发形成的对于科学家职业自我发展管理要求和科学活动规范要求的基本规定，也符合科学活动的基本规律；工程伦理规范符合工程师共同体工程活动的基本特点，也是工程师共同的道德理想，是工程师在工程活动中自发形成的约束彼此工程活动的基本操作规则，也是工程师自我管理和发展的需要，当然也符合工程活动的基本规律。这两种规范都是各自职业发展的必然需要和需求，符合各自活动规律，也符合各自职业共同体的利益和道德理想。二是它们都是由各自的独立自治的科学家协会或工程师职业协会自行制定的，是科学家共同体和工程师共同体各自的科学活动和工程活动的基本道德诉求。独立自治的职业共同体是职业伦理规范形成和产生的组织基础，当然也是职业形成的基本条件。在关注科学伦理规范和工程伦理规范相似性基础上，不能因此忽视两者巨大的差异性和各自的独立性特点。

1. 规范聚焦不同的活动，科学伦理规范聚焦于研究活动，工程伦理规范侧重于以设计为核心的工程活动。研究活动和设计活动有着明显的区别①，虽然不可否认两者有一定的相同点，即工程技术活动有一定的研究性质，因此常常称为技术科学或工程科学等，但是，对于工程活动而言，除了研究活动之外，更为主要的特征是设计、创造和建造、使用和维护、处理等活动。如果说把工程活动当作一个巨大的链条来看，那么在这一链条的前端可能都是科研性活动，都需要科学伦理规范；但是在链条的中间

① 关于科学与技术区别，详见陈昌曙先生的《技术哲学引论》（1999）、《陈昌曙技术哲学文集》等，关于科学、技术和工程的区别，详见李伯聪先生的《工程哲学引论》（2002）等。

和后端则是工程活动，包括设计、制造、使用、维护和回收等一系列过程，它们是工程伦理规范的主要内容。

其实，作为科学研究活动的术语"研究"（research）并不是很现代的用语，其起源于法语 recherché，而法语起源于拉丁语 recercare，在古代拉丁语和希腊语中并不存在现代意义的"研究"的术语形式。术语"研究"在英语语系中出现是在 17 世纪初，与现代科学的兴起紧密地联系在一起。但是，与工程相联系，则出现在 20 世纪初，是直接指向"在一个工业化环境中"，推进"创新、引进，以及产品或程序的升级和改进"等。也就是说现代科学性的研究含义就是我们今天所说的自然科学研究，探索自然规律，形成理论知识体系的过程；而后所指研究与推进创新、引进以及产品或程序的改进与升级等，也就是现代工程意义上的研究，与发生在 20 世纪的工业化的语境下的研究，比科学意义的研究晚了 300 年。因此，工程研究或工程科学——不仅是包括现代意义上的科学探索活动，还包括把这些研究的成果运用到实践中的过程，包括创新型的发明、技术应用和改进等。[①] 在科学中已被广泛讨论的伦理行为问题是，在研究报告中的编造、伪造、剽窃；而在工程中这些行为是危险（不安全的）结构、程序或消费品的签名或生产，以及举报。米切姆（Carl Mitcham）教授对科学和工程活动的差异进行了细致而深入的研究，他指出从伦理角度存在四个方面的主要差异[②]（见表 3—1），虽然这种比较有点简单和不充分，但是这一比较还是提供了一种基本的思路，指出两者之间存在巨大差异。

2. 规范协调的对象不同。科学伦理规范的对象主要是科学家共同体（当然有时也包括部分工程师人员），工程伦理规范的对象主要是工程师共同体，两者都是专业的职业群体。但是科学家和工程师之间也存在着巨大的差异。工程师与科学家对问题的关注方向是不同的，那么相应的道德考虑或伦理关注也是不同的，相应的伦理规范／道德价值更应该是不同的。比如，科学家关注知识是否有价值，是否重要；而工程师则关注工程项目是否值得，是否能够带来经济效益或技术突破，或者其他影响如公众

---

① Mitcham C., Ethics is Not Enough: From Professionalism to the Political Philosophy of Engineering//Sethy S. S. Contemporary Ethical Issues in Engineering, Hershey: IGI Global, 2015, pp. 63 - 64.

② Ibid..

表 3—1   **科学活动与工程活动在伦理方面的差异**

伦理维度	科学活动	工程活动
目标	知识或真理和公开发表	实践效果和专利
伦理规范	更为绝对	更为明确具体
机构组织	大学或政府—公司研究中心	商业公司的开发或制造部门
公共议题	研究欺骗或不当行为	不安全的设计和举报

安全健康等，以及投入产出比如何。那么，科学家和工程师的各自活动内容和关注焦点不同，映射的道德价值和理想也差异很大，科学家更多的是追求真理，探究事物之间的因果关系，或者说自然规律和社会规律，是一种发现的过程；工程师则是更多地追求实用价值，通过工程技术活动，创造自然界本不存在的新生事物或者是改善或改进现有设备或技术的过程，是一个发明、创造或改进、革新的过程。如果说前者受到影响因素相对较少的话，那么后者则受到各种因素的制约。因此，科学伦理规范主要内容之一是"准确"和"诚实"；而工程伦理规范的核心内容之一是"安全"和"忠诚"等。

3. 成文规范出现的时间不同。成文的工程伦理规范产生于 20 世纪初，而科学研究规范则是 20 世纪中期。在科学的长期发展过程中，已经发展出一种规范的职业传统和伦理，而很大程度上是一种非成文的形式。一般来说，科学家群体，并不把他们的传统正式化，而是通过事例或言传身教作为一种非正式的形式对他们的学生进行训练而得。① 在第二次世界大战前后，由于纳粹对人体的研究试验及核武器对日本的袭击，引起了众多科学家反思自身的职业道德责任和研究规范问题，以及不当的科学与技术研究对于人类的可能后果，于是爱因斯坦等 10 名科学家携手制定了科学家的宪章和宣言，要求科学研究关注其后可能的后果②。而成文的科研道德规范和各种法律制度，也是在 20 世纪 70 年代

① Pigman W., Carmichael E. B., An Ethical Code for Scientists, *Science*, 1950, 111 (2894)：643 – 647.

② 这里的科学是广义的科学或大科学，应该包括纯粹的科学研究和技术开发等活动，以及其后的工程设计、制造等活动。

和 90 年代才成为现实，被制定出来。如美国国家科学基金会在 1987 年
7 月独立发布了《科学和工程研究中的不端行为》。2000 年 12 月，美
国总统执行办公室签署发布的《关于研究不端行为的联邦政策》是美
国迄今效力最高、最权威的关于研究不端行为的联邦法规。① 从两者独
特的特点和差异我们看出，重视科学伦理规范，杜绝或减少学术不端行
为，打击学术腐败是科学研究正常合理活动的必然要求。但是，与此同
时，我们不能忽视和漠视与科学伦理规范相对应的工程伦理规范。

三　工程伦理规范发展与作用的认知误区

在我国当前道德滑坡情况下，伦理规范及其作用受到普遍怀疑；而
涉及职业伦理规范特别是工程职业伦理规范也同样受到了许多工程师和
工程职业组织等的漠视或否认，他们也提出一些较为合理的质疑之声。
首先，工程活动涉及的各种安全性问题、产品质量问题等，都有国家相
关的法律、法规进行约束；其次，我们也有各类政府部门去从事监督和
管理工作，一部工程伦理规范存在的必要性是值得怀疑的；最后，也许
是最为重要的是一部工程伦理规范可能没有多大作用，如果像这样形同
虚设，还不如不制定。那么为什么工程伦理规范起不到作用呢？这是一
个重要的认识问题，就是这类工程职业组织能否把这样一部规范从可能
虚设的情况变成为工程师个体职业的需求。从美国历史经验来看，工程
职业组织自身的独立性，以及伦理规范真正地符合工程职业特点和工程
职业实践情况，可能是决定工程伦理规范是否有效及效果如何的根本
原因。

纵观伦理规范的历史形成，在美国工程职业历史上，发生了多次同样
的争论。如美国工程师协会主席摩尔（Moore，R.）指出伦理规范内容的
局限性，比如规范的适用范围有限，不能适用于所有的案例；规范的时效
性，规范不能以逸待劳地适应未来的案例等；指出协会的运行、工程的发
展等，更多需要的是工程师的个体道德，而不是僵化的伦理规范。对伦理
规范，工程协会的主席持强烈的否定态度，认为根本没有必要，而更可能

---

① 王正平：《美国科研伦理的核心价值、行为规范与实践》，《上海师范大学学报》（社
会科学版）2015 年第 5 期，第 5—15 页。

限制工程师个体或协会的行为①。著名工程伦理学家马丁（Mike W. Martin）也指出虽然伦理规范对于工程师的实践行为能够提供有价值的指导，但是它们的作用还是有限的，规范仅仅能提供一般性的指导。如果是涉及复杂问题的决策，它们不能提供明确的指导；也就是说，规范不能满足每一种可能的情况。"它们局限于模糊的和一般的术语"；它们有时彼此相互冲突，并且也不是最终的道德决定。②

　　然而，美国著名工程师伦理学家戴维斯（Michael Davis）认为一个职业采用伦理规范的主要原因是"职业成员之间的一个基本约定"。这一约定包括进入职业的基本要求、交易补偿或服务赔偿，等等。这一约定不能被个体行为伦理原则所覆盖，而只是职业角色的结果。这种解释认为规范是职业成员之间的协议，遵守规范意味着公众、其他工程师能够从中获益或获得更多的收益。如果没有规范作为判断行为依据的话，那么职业行为判断的依据可能是个体良心、誓言、诅咒等，这样会造成职业利益与个体利益、良心的交织或利益冲突；而职业伦理规范提供了这种道德支撑，是职业利益或职业者的道德规则有这种要求，这时遵守的或坚持的是职业道德规则，与个体利益、个体道德或个人判断很少有关系，避免工程师在这样的职业判断中遭遇利益冲突、道德冲突。虽然规范不像法律那样具有强制性、约束力或执行力，但是它确是隐藏在工程职业技术标准或其他规范中，成为职业行为或交往的基本规范③。在此基础上，美国工程伦理专家威斯林德（Vesilind）认为现代职业规范应该包括三个目标：①提升职业形象；②明确职业内部行为原则；③促进公共善（福利）。④

---

① Moore R., The Engineer of the Twentieth Century, *ASCE Transaction*, 1902（48）：227 - 234.

② Martin M. W., Shinzinger R., *Ethics in Engineering*, New York：McGraw - Hill, 1983.

③ Luegenbiehl H. C., Davis M., *Engineering Codes of Ethics：Analysis and Applications*, Center for the Study of Ethics in the Professions, Illinois Institute of Technology, 1992.

④ Vesilind P. A., Evolution of the American Society of Civil Engineers Code of Ethics, *Journal of Professional Issues in Engineering Education and Practice*, 1995（1）：4 - 10.

四　工程伦理规范的职业制度和理论建构

（一）推进工程职业化进程，健全工程职业制度

工程自古就有，但工程职业的产生与发展却是近代以来的事情。[1]工程职业制度发展成为工程伦理规范生成和发展的制度基础。当然伦理规范的制定和完善也是工程职业制度的重要内容。[2]中国的工程师群体，一部分甚至一大部分工程师对工程伦理规范是不认可甚至是抵制的态度，他们可能认为工程师已经受到各种限制，在企业或公司中没有多大的权力，现在又增加一个框框来限制他们的各种行为，那么他们怎么推进工程活动呢？[3]这也充分地展现出一种现实：中国工程师群体在工程实践中的职业权力和自由有多大？或者说中国工程师在工程活动中，需要如何处理好工程师和管理者对工程产品的关注倾向和立场问题？或者说中国工程师如何处理相应的各种利益冲突，如工程师与管理者、工程师与上级主管部门等？从我国工程师对这些问题的态度与回应来看，充分说明我国工程师的工程职业权力受到多种限制。如果说工程实践中的工程师没有多大的权力，这时又增加工程师的社会责任和道德责任，无疑会遭到工程师的不认可和反对。因此，转变中国工程师对于工程伦理规范的态度，重要的是工程师在企业中自我权力的获得，或者说职业权力的获得，在职业个体的自治和商业利益的冲突关系中，工程师是否能够坚持自己的职业判断和标准，还是可能屈从于一些企业领导人或公司的利益发展需要？从这一角度来看，中国工程师是否能够获得足够的公司职业权力，是否形成现代意义上的职业，将决定这一职业、职业共同体发展的可能，而这一职业发展的可能更是决定着中国技术创新和发展的能力和水平。如果没有工程师的自立、自治，拥有专业上的话语权，那么工程师对于技术标准的判断和技术效率的推进及对于技术产品

---

① Mitcham C. A. , Historico – Ethical Perspective on Engineering Education： From Use and Convenience to Policy Engagement, *Engineering Studies*, 2009（1）：35 – 53.

② 张恒力：《美国工程职业的历史嬗变》，《自然辩证法研究》2016 年第 4 期。

③ Davis M. , Hengli Zhang, Poviding that China has a Profession of Engineering：A Case Study in Operationalizing a Concept Across a Cultural Divide, *Science and Engineering Ethics*, 2016, Https：//link. springer. com/article/10. 1007/s11948 – 016 – 9846 – 2.

共同善的追求就会变成空想。与此同时，对于工程师个体发展起到重要作用的工程职业组织的自立、自治也是非常重要的基础，他们能够给予个体工程师以职业判断上的支持和职业行为选择的认可，促使工程师个体在职业活动中坚持职业标准的组织基础；当然更是保障工程职业整体获得社会认可的基础，也是职业在社会认可基础上获得更高社会地位、经济地位的基础。工程职业制度的形成，关键是工程师个体职业权力及工程职业组织的自治，美国 20 世纪初基本形成现代化的工程职业制度。① 自立、自主和自治的工程职业组织，推进了工程职业自我管理和职业发展。如果没有了职业（科学职业和工程职业等）自治，如果没有了独立的职业组织（科学家协会、工程师协会），那么独立、自治的科学家、工程师更是无从谈起，所以，工程职业的形成或者说科学职业的形成以及工程职业组织的独立、自治，才是我国工程技术创新发展的机制和制度基础。

（二）建构工程伦理规范的标准、方法和程序

戴维斯教授指出一个伦理规范的标准必须包括四个方面：①是一个伦理规范；②应用于一个职业成员；③应用于这一职业的所有成员；④仅应用于这一职业成员。② 在此标准基础上，工程职业协会须成立工程行为/伦理委员会，负责工程伦理规范的制定和解释工作。以美国工程师协会第一次尝试推进建设统一的工程伦理规范操作过程为例③，工程职业协会的主席任命组建一个职业行为常务委员会，负责管理伦理规范。常委会由 5 人组成，1 人任职 5 年，其他 4 人逐次减少，第 5 人任职 1 年。因此，工程师协会主席每年将任命一名新成员，并且也将随时增加由于不到期而撤出的空缺。常委会是由工程师协会的老成员组成，他们优势在于有成熟的经验和判断。常委会可以任命自己的主席和秘书。常委会有权不仅从自己组织成员，而且如果认为需要，也可从其他职业成员中获得证据或其他任

---

① Layton E. T. , *The Revolt of the Engineers*: *Social Responsibility and the American Engineering Profession*, Cleveland : The Press of Case Western Reserve University, 1971.

② Davis M. , What can we Learn by Looking for the First Code of Professional Ethics? *Theoretical Medicine*, 2003 (5): 433 – 444.

③ Christie A. G. , A Proposed Code of Ethics for All Engineers, *Annals of the American Academy of Political and Social Science*, 1922 (101): 97 – 104.

何特殊事例的信息。常委会认为必要时，可以自设分委员会以推进工作。常委会的职责是解释规范，并对工程师提交有质疑的职业行为提出意见。同时，这些解释将送到工程师协会执委会，执委会将审议批复，并决定采取其他一些正当或必要的行动。在报告批复后，将在《工程师月报》杂志上以匿名方式刊登出来，并为其他工程师同事提供参考和指导。美国早期著名的工程组织活动家工程师库克（Morris Lewellyn Cooke）也提出从程序公开、价值改革、理性教育、规范制定、团体认可、社会信任六个方面来推进工程伦理规范的制定。①

因此，从工程伦理规范的历史发展经验以及我国工程实践的发展现状与需求来看，要使工程伦理规范成为可能，除了外在条件的工程职业制度建设和健全、自主的工程职业组织，以及成文的工程伦理规范的制定和完善，而内在地被职业工程师真正接受、自主遵行，并被公众所认可，那么这时工程职业才能真正建立起来，工程伦理规范也因之成为可能，并有意义和价值。

第二节　工程伦理规范的标准与方法
——以巴伦西亚②工业工程师协会伦理规范为例*

工程伦理规范已经发展成为工程师职业行为的标准和活动指南，并决定着工程职业化发展水平的高低。③ 自 20 世纪早期美国制定第一部工程伦理规范以来，现在各大工程师协会不仅都已经制定出符合自己专业特色的伦理规范，而且这些伦理规范也一直处于调整和完善之中。德国工程师协会在 1979 年编写了技术评估政策的指导方针，1991 年被官方采用，2002 年制定了《工程伦理的基本原则》。④ 中国台湾工程师学会制定四大

---

① Cooke M. L.，Ethics and the Engineering Profession，*Annals of the American Academy of Political and Social Science*，1922（101）：68 – 72.

② 巴伦西亚（Valencia）：西班牙港口城市。

* 本文原载《自然辩证法通讯》2010 年第 2 期。

③ 潘磊：《工程伦理章程的性质与作用》，《自然辩证法研究》2007 年第 7 期。

④ Mitcham C.，*Thinking through Technology：the Path between Engineering and Philosophy*，Chicago，IL：The University of Chicago Press，1994，p. 69.

责任（对社会、对专业、对雇主、对同事的责任）的"工程师信条"。①
这些伦理规范的制定与完善不仅促进了工程师职业道德水平的提高，更推
进了工程职业化发展进程。

　　而与美国等国家和地区工程伦理规范的制定完善过程相比较，我国的
工程伦理规范总体上比较传统、保守而且滞后，工程社团也没有形成完整
而系统的伦理规范体系，而仅仅是表面而模糊的总体表述，缺乏宏观的指
导性方针以及具体的操作原则与实用标准。如"目前工程师社团并没有
专门的工程师职业伦理规范；职业伦理意识一般反映在社团章程的'宗
旨'；在大多数工程社团的章程中间接反映出来的工程师职业伦理意识，
还缺乏对社会福祉、自然环境等重要伦理原则的重视。"② 可见，制定适
合我国境域的工程伦理规范就显得尤为紧迫而必要。巴伦西亚的工程职业
人员的伦理意识比较淡薄，参与性也不太高，同时缺乏相应的伦理训练。
这种情况不仅与我国的工程伦理发展状况相似，而且与我国所处的工程境
域相似，那么巴伦西亚工业工程师官方协会（The Official Association of In-
dustrial Engineers in Valencia）制定工程伦理规范的这一过程③就可为我们
制定工程伦理规范提供有价值的参考。

一　巴伦西亚工业工程师官方协会制定伦理规范的过程

　　巴伦西亚工业工程师官方协会制定这一工程伦理规范大致分为三个阶
段。它们在每一阶段都设定具体的阶段目标，并运用一定的研究方法来完
成本阶段的目标，比如在第一阶段，它们就设定三层目标，运用文件研究
和访谈等方法。经过大约 10 个月的组织和研究，60 多个职业工作者的集
体参与，制定了一个相对比较完整的伦理规范。下面介绍这一伦理规范的
具体制定过程。④

---

①　http：//www.cie.org.tw/.

②　苏俊斌、曹南燕：《中国注册工程师制度和工程社团章程的伦理意识考察》，《华中科技
大学学报》（社会科学版），2007 年第 4 期，第 97 页。

③　J. Félix Lozano, Developing an Ethical Code for Engineers：The Discursive Approach, *Science
and Engineering Ethics*, 2006（12）：245 - 256.

④　Ibid. , pp. 250 - 252.

第一阶段：分析组织形式和环境（Analysis of the organization's situation and environment）

这一阶段包括三层目标和两类方法。项目管理者设定了三层目标：（1）评估伦理问题的职业敏感度。他们试图发现重要的工程职业者在职业发展中可能遭遇到的伦理问题，以及这些职业者是如何积极地审视这一行动来增强职业责任。（2）识别职业团体所体现的伦理价值，以及协会中的工程师对这些伦理价值是明确还是不明确的认识。（3）识别职业者所理解的伦理问题、最相关的领域和最经常出现的问题，以及他们为什么考虑这些问题而不是其他问题。为获取这些目标他们使用了两类方法，即文件研究（desk research）和访谈（interview）。他们运用文件研究方法，详细研究工程职业协会的文件，如备忘录和协会的条款，以及协会的出版物，并且他们也以相似的方法研究世界各国工程协会〔工程与技术认证委员会（ABET），电子电器工程师协会（IEEE），机械工程师协会（ASME）等〕以及其他职业协会的职业伦理规范；运用访谈方法，深度访谈（in - depth interviews）了那些有着长期工程职业工作实践的人，特别是那些在工程工作中的不同领域（自由职业者、私人公司和公共机构）的权威。

在访谈活动中，他们以参加工程活动和工作经验为标准，选择 10 人，每人访谈 2 小时。访谈内容包括三个部分：第一部分集中于发现被访谈者对伦理问题的一般观点以及这些观点对职业可能造成的影响。第二部分集中于识别被访谈者在他们的职业中已经认识到的伦理问题。如向他们询问他们认为最常见并最严重的问题是什么。在这一部分的最后，询问了他们提出这些问题的理由。其实，在这里项目管理者设计了一个预设，即许多伦理问题不是信仰缺失或组织不完善造成的，而常常是缺少职业伦理需求意识的结果。最后访谈的结论确证了这一假设。同时所有这些访谈也表明许多问题都是由于对伦理问题的反应迟钝和缺乏敏感造成的。正如被访谈者的许多陈述为："我在每周都看到这样的问题"，或"这不是大量讨论的伦理问题，而我们在思想意识中早已经承认他们"。第三部分是邀请被访谈者提出具体的建议，来解决这些问题并提高他们认为必要的伦理价值。

第二阶段：提出一个首要的建议（Producing a first proposal）

它们设定的目标是形成一个基本文件，以收集能够表达职业者所明确提出伦理价值的问题。其实，项目管理者和研究团队也都是以文件为基础开展研究的。在第一阶段这些基本文件就必须收集并整理出来，并尽可能做到全面而详细。为了实现这一目的，项目管理者选择了最为常见并严重的伦理问题。同时，他们也以讨论的伦理建议、个体道德和社会意识为基础，选择在访谈中提出的伦理价值，并排除如由社会身份或组织特权或任何其他类型的歧视所表示的伦理价值。

本来项目管理者期望大约有 60 人参与四组团体组织的会议，然而，由于许多人缺席，最后总共只有 25 人参加。这些团体组织会议的目标也就是促使职业协会的大量成员能够认识这一活动内容，并列举和详细说明在访谈中提到的伦理问题。同时，项目管理者选择了一种特别简单的价值表达方式，以更准确地界定他们提出的伦理价值和他们的职业活动的意义。

第三阶段：准确的表述阶段（Definitive formulation phase）

他们设定的目标是制定一个包括职业价值和责任在内的明确表述的规范文件。这一过程包括两个方面：第一，与在应用伦理学方面有着丰富知识并且熟悉工程领域的专家讨论起初的建议。项目管理者接受了西班牙不同大学的三位专家在概念上的建议并且对概念进行了澄清，同时把这些专家的建议融入文件中。第二，把这一临时文件发送给工程协会委员会（the Engineering Association Board），让它们具体研究并作出最后的修订。通过两次会议的激烈讨论，项目管理者证明每一价值与它的相关义务以及所提概念的正当性，他们在讨论完所有的提议后，就形成了最后的文件。

二　巴伦西亚工业工程师官方协会制定伦理规范的经验与教训

就巴伦西亚工业工程师官方协会制定工程伦理规范这一过程来说，大部分参与者都积极肯定，并认同它们所总结的伦理价值，对制定出来的工程伦理规范也给予了很高的评价。那么巴伦西亚工业工程师官方协会到底采用什么方法来制定这一伦理规范呢？这一伦理规范又符合什么标准呢？制定这一过程和伦理规范又有什么样的缺陷呢？

首先，关注境域和逻辑解释学方法的采用，使工程伦理规范具有相当大的现实性和实践性。从巴伦西亚工业工程师官方协会制定工程伦理规范过程来看，这个过程也就是，首先分析职业者的现状和职业者的概念；其次以论证传统中的伦理范畴对现状进行评估；最后建议把伦理范畴融合到职业者实践中。（如图 3—1 所示）① 这样一个过程由于以关注现实为基础，并经过一种伦理评估，然后重新回归实践。所以，它是一种解释学逻辑过程。虽然这一解释学方法寻求把关注融合到具体的境域中，但并没有忽略绝对原则。

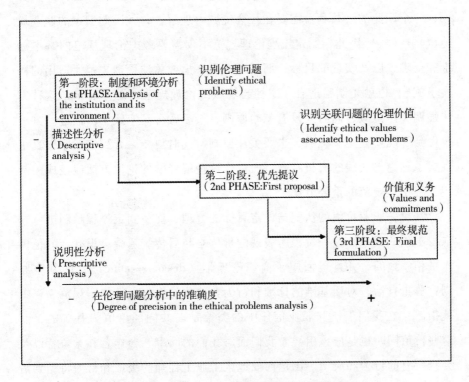

图 3—1　制定专业伦理规范的批判解释学过程

（Critical – hermeneutics process for develoment of a professional ethics code）

其实，一般来说，制定一个伦理规范的过程主要依赖于组织、组织的历史、组织的外在环境以及组织的目标。著名工程伦理学家 M. 马丁（Mike W. Martin）也指出一个合理的职业伦理规范必须接受三个方面的检验：第一，它是明确的和一致的；第二，在一个系统和可理解的方式来组织基本的道德价值应用于职业，突出什么是最重要的；第三，提供有帮助的指导，与关于具体形势的我们最仔细考虑的道德判断相一致。接着他进一步

---

①　J. Félix Lozano, Developing an Ethical Code for Engineers: The Discursive Approach, *Science and Engineering Ethics*, 2006 (12): 250.

指出，一个编撰的职业伦理规范，是对日常伦理特定部分的发展，目的是在特别的社会境域之内提高职业的公共利益，如医学伦理作为职业伦理促进了健康，法律伦理作为职业伦理促进了法律公正，而工程伦理作为职业伦理促进了设计、生产、分配并保证了安全而有用的技术产品；另一方面，一个职业的公共利益需要在社会境域内理解，并且因此编撰的职业规范也是这样。① 因此，制定工程伦理规范不仅需要考虑伦理规范的基本标准和要求，以及实现的目标，而且还需要考虑或关注伦理规范所适用的社会境域②，也就是制定适合一定社会境域的伦理规范。总体看来，这种方法强调关注境域，同时并没有忽略原则，最后融合到实践中。而这一方法也做到了既要立足于境域，也要关注原则，同时更要融合到实践中，真正促成了理论与实践的有机结合，所以，这种解释学的论证方法应该成为制定工程伦理规范的重要方法。

其次，职业价值的认同与设定目标的合理，促使制定过程顺利进行并取得丰硕的成果。这一过程所表现的价值是与后传统道德意识社会的伦理水平相一致的，并且也回应了商谈伦理学（discourse ethics）③ 的基本原则：尊重自治，对话基础的标准和行为普遍化的格言。例如，规范序言中就指出"在我们工作和职业信任中的美德是以共同的价值为基础的，而这些价值同时也是应该引导着我们面对我们的同事、合作者和竞争者以及公众所有的行为和决策。巴伦西亚地区工业工程师的决策和行为将受到诸如诚实、尊重、义务等核心价值的引导"。④ 这些被认同的核心价值和相关义务，是以一种积极的观点进行了表达。再比如，对于"责任"价值的认识，不仅在序言中指出："工程师精深的专业知识赋予他/她一种巨

① Mike W. Martin, Roland Schinzinger, *Ethics in Engineering*, Boston：McGraw - Hill, 2005, pp. 50 - 51.

② 其实，工程伦理作为实践伦理学，一向关注问题境域。工程实践中产生的问题是什么，产生问题的境域是什么，是理解问题的关键，也是制定伦理规范的依据。详见 Caroline Whitbeck, Investigating Professional Responsibility, *Techné* 8：1 Fall, 2004.

③ Dietrich Brandt Christina Rose, *Global Networking and Universal ethics*, *AI & Soc*, 2004 (18)：334 - 343.

④ J. Félix Lozano, Developing an Ethical Code for Engineers：The Discursive Approach, *Science and Engineering Ethics*, 2006 (12)：254.

大的能力来改变我们周围的世界并且解决必要的技术和社会问题。这一能力说明了其他职业所绝无仅有的一种责任。职业工程师的专门技术和知识对于社会的福利和进步同样负有责任。"在正文中还阐述道："作为职业工程师，我们必须以一种勤劳而明晰的态度对于我们的工作负有责任，并也对我们的行动和决策的后果负责。我们必须准备好告知我们的决策同时做出解释。我们必须保证：警告公众我们工作可能造成的任何直接或间接，短期或长期的影响。告知我们的客户我们所做工作和项目所涉及的风险和困难。对我们的工作负责，接受我们自己的错误和善意的批评并且假定我们制定决策的结果。明确我们的职责并以我们的能力而行动。根据法律的内容和精神而行动。"[1]

同时，把制定过程分为三个阶段，每一阶段都根据任务要求制定了合理可行的目标。比如在第一阶段任务是分析职业者的现状，这一任务划分为三层目标，即调查职业伦理敏感度、识别伦理问题、探询内在的伦理价值。这样目标就比较明确，而且实施起来比较可行。但这一制定过程也存在着局限性，就是从调查到起草过程中都涉及的"参与性问题"。首先，涉及的协会成员参与程度远低于预想的范围，并且涉及的这些人对于职业未来问题的重要性认识也不一致。其次，职业者缺乏伦理训练的事实意味着他们的贡献可能与此并不相关。虽然事实上参与的人数比项目管理者预想要小得多，但一个积极的特征是，参与者都有着杰出的职业贡献，并且在工程团体中也有着很高的可信度，同时也与正在运转的协会有着密切的联系。为了消除这两种局限性，项目管理者认为应该发展实践职业者的伦理训练项目，并且工程研究应该包括或在职业伦理课程中应该给予更多的关注。

第三，制定的伦理规范表现了稳定性和灵活性，能够适应具体职业特征或职业环境的变化。从规范文件最终的结构形式来看，基本沿着ASME[2] 规范（基本原则，基本条款）的框架结构出发，既注意结构的稳定性，又考虑结构调整的灵活性。比如，规范结构是由一条基本原则

---

① J. Félix Lozano, Developing an Ethical Code for Engineers: The Discursive Approach, *Science and Engineering Ethics*, 2006(12): 255 – 256.

② Charles E. Harris, Jr., Michael S. Pritchard, Michael J. Rabins, *Engineering Ethics: Concepts and Cases*, CA: Thomson/Wadsworth, 2005, pp. 372 – 375.

和基本条款（七个核心价值）组成。这样的结构比较稳定、简单明了，易于把握和调整。另外，基本条款可根据不同专业的特点和职业环境的变化，可做灵活地适当调整。就规范所体现的具体价值而言，这一规范一方面强调了工程伦理规范的核心价值如诚实、尊重、义务等伦理范畴，例如"尊重"，不仅指出"对任何伦理行为来说，尊重人都是必要的。在任何个体和职业关系中互相尊重都是基本的价值。尊重意味着关爱和保护人们以及我们生存的环境"。而且强调工程师应该保证："尊重所有人并努力工作同时与我们的同事和合作者紧密合作而把工作做好。公正地对待我们的同事与合作者，不以种族、性别、信仰或文化歧视他人。与那些受到我们工作影响的公众保持经常的交流并对任何善意的问题和批评做出回应，尊重个体的决策和我们的同事与合作者的生活观点，在行动时充分考虑我们工作地点的传统和文化习惯并且避免把我们的世界观强加于人，促进我们工作地点的社会责任和文化意识，保护和关爱环境并采用最为合适的技术来保护我们工作的自然环境，评估我们所有工作的生态影响并采取行动来履行更大的环境责任。"① 另一方面也关注安全、效率等工程专业概念，例如"安全"，指出："工程师必须在他们的工作中把公众的健康和安全放在一个优先的位置上。许多人的生命和健康依赖于我们的判断、行动和谨慎的决策。"同时还保证"把公众的安全置于任何其他职业标准之前，不能批准，出售或设计不符合已经认可的安全标准的任何产品或服务。告知客户、合作者、使用者和公众关于我们工作的任何危险的后果。在工作中促进安全和健康"②。这就促使工程师在工程活动中尽可能地把伦理理论与工程职业规范有机地融合起来。虽然这些引导和关注都能够转变为实践路线而为实践者的自由决定留有空间，并且也给个人进行职业判断留下余地。③ 然而，由于这一伦理规范制定时间相对较短，参与人数不是太多，也致使制定的工程伦理规范在一定程度上没有真正成为工程职业发展的内在

---

① J. Félix Lozano, Developing an Ethical Code for Engineers: The Discursive Approach, *Science and Engineering Ethics*, 2006（12）: 255.

② Ibid., p. 256.

③ Vivian Weil, Professional Standards: Can they Shape Practice in An International Context, *Science and Engineering Ethics*, 1998（4）: 307 - 308.

要求和工程师职业行为的现实需要，也造成工程伦理规范内容显得过于肤浅；并由于章程规定过于宽泛而操作性不强。

三　小结

以上是巴伦西亚工业工程师官方协会制定伦理规范的过程以及对于这一个过程的简要分析，由此我们至少可以获得下面几点启示：

第一，在制定工程伦理规范之前，必须分析文化与境域，也就是说一定要理解职业团体所处的外部环境，包括文化传统、职业状况、市场化程度、经济发展水平等。正如 C. 威特贝克（Caroline Whitbeck）指出的，在实践伦理学（包括职业伦理学）中，焦点是问题境域和伦理标准的声明。[①] 工程伦理学家哈里斯（Charles E. Harris）针对不同文化和环境对于伦理规范应用的影响，指出在跨文化背景下制定和应用工程伦理规范的九个方面的指导方针。[②] 这九个方面的指导方针充分考虑了各国文化环境背景的差异性，为制定和应用合理的伦理规范提供了依据。

第二，在制定工程伦理规范过程中，（1）必须设定明确的目标与方法。这些目标都与职业团体密切相关，而且都应该是最为核心的问题；而所设定的研究方法一定要切实可行，具有一定的可操作性。如访谈，预估好访谈的人物、人数、时间等，同时一定要设计好访谈的内容，准备提问的问题要清晰而明确。（2）在与组织成员深入讨论时，必须选择最为严重的伦理问题，而且这些伦理问题具有一定的普遍性，形成的基本文件必须是全面而翔实的，同时必须表达职业人员的核心伦理价值。（3）在基本文件形成以后，必须与专家（既熟悉工程领域又有着丰富伦理知识）进行协商，商讨之后要发送给工程管理机构研究审核，并形成最后的正式文件。

第三，就已制定的具体工程伦理规范而言，规范不仅需要注意结构上的稳定与灵活，更需要兼顾专业特点。M. 戴维斯（Michael Davis）指出一个伦理规范的标准必须包括四个方面：（1）是一个伦理规范；（2）应用于一个职业成员；（3）应用于这一职业的所有成员；（4）仅应用于这一职

---

① Caroline Whitbeck, Investigating Professional Responsibility, *Techné*, 8：1 Fall 2004, p. 89.

② Charles E. Harris, Jr., Internationalizing Professional Codes in Engineering, *Science and Engineering Ethics*, 2004 (10)：513 - 518.

业成员。[1] 其实，这样四个标准主要说明了两个方面的内容：一是要求为伦理规范，而不是其他的规范，如制度规范、法律规范等；二是适用范围是其所属职业成员，而且是唯一的所有的职业成员。可见，这样一种规范必须是针对具体的职业所提出的特别要求和规定。总之，巴伦西亚工业工程师官方协会制定工程伦理规范所采用的解释学逻辑方法、制定过程，以及规范本身可为我们制定适合我国工程境域的工程伦理规范提供一定的借鉴和参考。

第三节   美国工程伦理规范的历史进路[*]

工程伦理规范作为工程职业的道德理想形式，对内凝聚职业精神，对外形成社会契约，成为工程职业化制度（认证、准入、技术标准、伦理规范等）发展的重要内容之一。工程伦理规范已成为工程师在工程实践活动中的道德指南和行动方针，规范工程师的职业行为，促使形成工程师的团体道德理想，提升个体的道德价值。技术哲学家恩格尔（Stephen H. Unger）指出伦理规范具有"共享标准的表达，支持伦理行为，引导伦理决策，鼓励伦理行为，促使工程师相互之间对伦理标准的教育和相互理解，制止和惩罚不道德行为，并提升职业理想"七个方面的功能。[2] 反观美国工程伦理规范的发展历程，自 20 世纪初创立至今已有百余年历史，积累了丰富经验并形成工程伦理规范的生成、变革与发展的内在动力与运行机制。因此，深入研究美国工程伦理规范的发展脉络，明晰工程伦理规范的历时形式与态势，揭示其生成发展机制，把握工程伦理规范变革调整的制度与文化内涵，对于推进我国工程伦理规范的制定[3]以及工程职业化发展都有积极的借鉴意义和价值。

---

① Michael Davis, What can We Learn by Looking for the First Code of Professional Ethics?, *Theoretical Medicine*, 2003 (24): 433 – 444.

* 本文原载《自然辩证法通讯》2018 年第 1 期。

② Unger, Stephen H., *Controlling Technology*: *Ethics and the Responsible Engineer*, New York: J. Wiley & Sons, 1994.

③ 我国工程伦理规范发展较为缓慢，成文的而符合现代工程职业要求的工程伦理规范较为缺乏，截至 2017 年 5 月，我们收集并发现的成文工程伦理规范仅仅有 5 部。详细材料请参考赵雅超《中美工程伦理规范比较研究》，北京工业大学硕士论文，2016 年。

一　工程伦理规范的生成：从个体自主到职业自治

美国工程师对待工程伦理规范从最初的反对、抵制、认可和接受，到后来的维护、坚守，表明工程伦理规范从被动地外在地并赋有一定限制性的职业要求，到工程师转变为主动的内在的积极遵守而推进维护的职业道德理想，这一过程在工程师职业协会逐步创立到加强自我治理、提升职业荣誉过程中得以彰显，工程职业协会也多次组织工程伦理规范的讨论与争论，并最终在追求个体自主与职业自治的道德义务冲突中推进了工程伦理规范的制定。如美国土木工程师协会（ASCE）、美国机械工程师协会（ASME）、美国电子电器工程师协会（IEEE）等在 20 世纪初制定工程伦理规范，这些规范凝聚着工程师的道德理想和职业精神，促使美国工程职业化的发展。①

1. 工程伦理规范的必要论争

伴随着 1852 年美国土木工程协会等职业组织的逐步创立，争论主要表现为工程实践中出现的伦理问题主要是工程师个体道德的问题，与工程职业无关，根本没有必要制定职业组织的伦理规范。② 从工程职业协会组织发展来看，为了推进技术发展与信息交流，在 19 世纪中叶到 20 世纪初，美国各种工程职业组织纷纷成立。③ 这些职业组织成立的目标之一是与那些水平差的工程师区别开来，把优秀的工程师集合起来，共同推进工程技术发展。其实，许多美国工程师协会创立与发展的目标受到英国工程师协会影响，在会员标准要求方面也是类似情况。④ 正如英国土木工程师

① Carl Mitcham, A Historico – ethical Perspective on Engineering Education：From Use and Convenience to Policy Engagement, *Engineering Studies*, 2009（1）：35 – 53.

② Sarah K. A. Pfatteicher, Depending on Character：ASCE Shapes Its First Code of Ethics, *Journal of Professional Issues in Engineering Education and Practice*, 2003, pp. 21 – 31, 24.

③ 美国土木工程师协会（the American Society of Civil Engineers, ASCE 1852），美国机械工程师协会（the American Society of Mechanical Engineers, ASME 1880），美国电子工程师协会（the American Institute of Electrical Engineers, AIEE 1884），详细内容参考 Edwin T. Layton, *The Revolt of the Engineers：Social Responsibility and the American Engineering Profession*, The Press of Case Western Reserve University, 1971, pp. 28 – 45.

④ Edwin T. Layton, *The Revolt of the Engineers：Social Responsibility and the American Engineering Profession*, Battimmore and London：The Johns Hopkins University Press, 1986.

协会第一任主席警告说，要警惕"太容易和随便进入"的危险，会导致"不可避免的和经常性的、无法改变的麻烦事"。① 其中，1852 年成立的美国土木工程师协会是第一个全国性的工程师职业协会，具有相当的典型性。由著名工程师成立的美国土木工程师协会目的之一就是限制人数，并且努力维护荣誉。荣誉对于职业组织来说成为重要的个体道德基础。创始会员仅仅接受那些是"最著名的和最受尊重的成员"的申请者。在 1891 年，美国土木工程师协会制定了一个比较清晰的会员等级制度，要求全职会员必须超过 30 岁，职业实践超过 10 年，并且负责工程项目超过 5 年。甚至更为著名的要求是全职会员必须是既能设计又负责工程项目。② 同时，工程师会员也对自身的道德素养有很高的自我要求，认为工程活动中出现的问题都是工程师个体的事情，工程师协会成员的技术水平和道德能力是毋庸置疑的。有些会员认为"绅士们并不需要一个伦理规范，并且任何一个伦理规范也不能让一个骗子成为一个绅士"③。"这一协会……是组织来提升工程科学。我们与伦理没有什么关系，我们的会员也是如此……如果这不是一个工程主题，这就和我们没有什么关系"④。委员会和主席也都认为管理是既令人讨厌的也是不必要的。其中摩尔（Robert Moore）主席指出，由协会提供给会员的"道德刺激"，表明"职业热情的闪光点"，协会应该"持续地依赖"会员个体的"至关重要的和道德的力量"，而不是一部规范或律法。根据摩尔主席的观点，对已经获得头衔的工程师没有必要进行管理。⑤ 可以看出，工程师协会作为职业组织，主要目的是推进职业发展和职业自治，维护职业荣誉。但当与个体的职业判

---

① Charles Warren Hunt, *Historical Sketch of the American Society of Civil Engineers*, ASCE, New York, 1897, p. 12.

② Raymond Harland Merritt, *Engineering and American Culture*, 1850 – 1875, University of Minnesota, 1968, pp. 153 – 157.

③ Frederick Haynes Newell, Ethics of the Engineering Profession, *The Annals of the American Academy of Political and Social Science*, Vol. 101, The Ethics of the Professions and of Business, 1922, pp. 76 – 85.

④ *A Biographical Dictionary of American Civil Engineers*, Vol. I, ASCE, New York, 1972.

⑤ Moore, R., *The Engineer of the Twentieth Century*, Trans. ASCE, New York, 1902 (48): 227 – 234.

断与职业实践相冲突时，大部分工程师会员还是持反对意见的，认为工程伦理规范或工程师协会不能干涉或限制工程师职业判断和自由，这种个体的职业行为和道德自主性是前提和基础。

但是，在20世纪初，工程师职业协会的会员组成与发展形势发生了重大的变化。① 职业自我管理成为职业化竞争与发展的主流。为了协调许多不同类型工程师的利益冲突，工程师建议采用一部规范和法律作为引导方针来处理彼此之间的关系并鼓励争论。② 为了推进职业自治，许多职业协会纷纷建立和修订伦理规范。1911年5月，美国顾问工程师协会成为第一个国家级协会并制定伦理规范，1912年3月、12月美国电子工程师协会和美国化学工程师协会分别采纳了伦理规范，1914年6月，美国机械工程师协会制定伦理规范，1914年9月，美国土木工程师协会也通过投票制定伦理规范。根据历史学家亨格斯（Hunter Hughes）的研究，在第一次世界大战前美国没有采用规范的职业，在战后也大都采用了。到20世纪初20年代绝大部分职业协会都制定或修订了伦理规范。③ 这时伦理规范作为工程职业的道德宣言和道德理想，成为工程师道德品质的重要表现。

2. 工程伦理规范的效用分歧

工程伦理规范到底有什么作用，在19世纪中叶到20世纪初产生了三次较大的争论。④ 部分支持者认为，伦理规范能够提升工程职业，促进职业发展。《工程记录》杂志编辑迈耶（Henry C. Meyer）是其代表之一。在1892年12月和1893年1月，他在《工程记录》杂志刊登"职业伦理

---

① 以ASCE为例，在20世纪初，50%以上的人都有正规教育经历，而在50年前是不可想象的；成员比例变化大，非正式会员增多，1902—1910年，增长400%。详细参见 Sarah K. A. Pfatteicher, Depending on Character: ASCE Shapes Its First Code of Ethics, *Journal of Professional Issues in Engineering Education and Practice*, 2003, pp. 21 – 31.

② Bates, O., *The Status of the Civil Engineers' Profession in the United States of American*, Trans. ASCE, New York, 1909 (64): 567 – 580.

③ Levy, R. M., *The Professionalization of American Architects and Civil Engineers*, University of California, 1980.

④ Sarah, K. A., Pfatteicher, Depending on Character: ASCE Shapes its First Code of Ethics, *Journal of Professional Issues in Engineering Education and Practice*, 2003, pp. 21 – 31.

和规矩"系列社论文章，强有力地鼓励全国工程和建筑协会采用伦理规范。① 他认为一部规范应该强调"职业尊严、职业荣誉，以及职业伦理"，建议规范是："在许多用语上，不能直接指导，（工程师）必须不能撒谎或偷窃，不能惦记他邻居的老婆——也不能建议他去酗酒，不能亵渎神灵、百姓，或下流行为。这些当然是应该被考虑的。职业伦理的规则仅是指对一个职业者对他的客户、同事，公众的关系，这些关系或多或少不同于在劳动者、机械工和贸易人士之间的关系。"② 但是，也有非常多的美国土木工程师协会会员对一部伦理规范能提高职业荣誉表示怀疑，认为仅仅通过一部伦理规范来保障职业化是不充分的。他们指出规范不能解决所有的问题，也制定不了一部适合所有案例的规范，规范作用是有限的，规范是否能提升职业的荣誉更是不得而知。他们认为一部正规的伦理规范应该"系住了小心之手而放松了不小心之手"。其实，这说明在理想主义与现实主义之间存在差别，即理想主义的应该制定一个全面的伦理规范，而实践考虑的也不可能制定一个让所有类型的职业工程师都接受的规范。③正是在关于工程伦理规范的多次争论中，工程伦理规范的价值与作用逐渐获得更多工程师的认可与理解。在20世纪初职业自治成为主旋律，美国土木工程师协会在维护工程师职业自治的过程中，试图通过制定伦理规范这种软约束抵制工程认证法律，但是没有抵挡住认证法律的推进趋势，在20世纪50年代几乎所有的职业都完成了认证法律。这样来看，工程伦理规范在某种程度上作为工程职业自治软约束的衍生物，也在客观上推进着工程职业发展。

因而，从工程伦理规范的种种争论中，我们发现大部分工程师认为个体自主高于职业自治，相信个体的工程师的职业判断，不需要伦理规范来外在地约束或管制工程师。这时的工程师或工程师协会主要是由工程师的个体精英组成，德高望重成为他们自己自我尊重重视荣誉的重要理由。在

①　Professional Ethics and Etiquette – V. Eng. Record, 1893 (27): 110.

②　Professional Ethics and Etiquette – I. Eng. Record, 1892a (27): 1.

③　Frederick Haynes Newell, Ethics of the Engineering Profession, The Annals of the American Academy of Political and Social Science, Vol. 101, *The Ethics of the Professions and of Business*, 1922, p. 79.

工程职业活动中出现的问题，就是个体工程师自身的道德问题。否定了个体工程师的职业判断，某种意义上就是否定了整个职业在此方面的判断。这时的工程师进入协会的制度，也是推荐制度，只有职业技能突出和个体道德高尚的工程师才能成为工程师职业会员。个体自主性与职业自治相比较，个体自主性更是主要的。此时，工程师的工程伦理规范的必要性成为讨论的重要议题之一。是否需要，是否必要，成为工程师职业伦理规范讨论的核心内容。其实，从 19 世纪末到 20 世纪初，这种从个体自主到职业自治——工程师伦理规范从抵制到接受，从无到有的历史进程，凸显了工程师个体自主到职业自治上的转变，这时个体自主让位于职业自治。从某种意义上说，职业自治的形成，或者说工程师职业协会的成立，以及作用的真正发挥，成为工程职业形成的重要方面，也标志着真正地形成了现代工程职业。[①]

二　工程伦理规范的调整：从忠诚雇主到忠诚职业

忠诚义务作为工程伦理规范的核心内容之一，对于现代工程职业的形成与发展，乃至于对工程伦理规范的制定与调整都起到了重要作用。从美国工程职业的形成过程来看，工程师职业的形成是工程师职业自治与商业利益博弈平衡的过程，工程师受雇于企业，忠诚于雇主或管理者成为角色道德义务之一，同时工程师还是工程职业成员，隶属于一定的职业协会，还要忠诚于一定的工程职业或职业协会。这两种忠诚的道德义务冲突，也促使着工程职业协会在追求职业自治中调整与完善着工程伦理规范。

---

① 20 世纪初美国基本形成现代工程职业制度，工程职业化发展大致包括四个核心方面：一是工程职业组织的形成，在 19 世纪下半叶，基本完成，出现组织之间的斗争与合作等，出现了组织的分离和统一两种趋势；二是工程职业教育的推进，工程科学成为工程职业化发展的科学基础，而理工类高校的建立促进了职业教育的发展，推动科学引导、融入技术；三是工程职业伦理规范等的建立，从科学的理论基础，到标准的技术性规范，再到职业理想的道德重塑，形成了职业人员认可的道德理想和伦理规范；四是职业相应的管理制度，包括职业运行、职业发展等，相应的法律认证制度、注册制度等，为职业人员的标准化提供了良好的制度性基础。具体参照 Edwin T. Layton, *The Revolt of the Engineers: Social Responsibility and the American Engineering Profession*, The Press of Case Western Reserve University, 1971, pp. 28 – 45.

1. 工程师"忠诚"道德义务的起源

工程师与现代工程职业的兴起与军队密切相关。① 起初著名的工程师都是军队成员，这些人设计和操作防御工事和不同的"战争机器"，"工程师"术语意思就是"士兵"。② 第一个工程教育机构是由国家建立的，也与军队关系密切，如美国军事院校西点军校创立于 1802 年。为了与军事工程师相区分，斯密顿（John Smeaton）是指明自己是"民用工程师"（civil engineer）的第一人，他在 1771 年建立非正规的民用工程师协会（Society of Civil Engineers），在他去世后改名为斯密顿协会，并且在它影响下最终成立了英国土木工程师协会（Institution of Civil Engineers, ICE）——第一个正式的公认的职业工程协会。以这一协会为参考，从 19 世纪中叶到 20 世纪初美国各个职业工程师协会逐渐建立起来。在军队里，军事工程师的基本道德义务是忠诚于上级，忠诚于一个权威等级足以指挥他们的上级指挥官。虽然与军事工程师有所区分，但是在道德义务上却深受其影响。在军事领域之外的技术工程师，道德义务要求也是忠诚，成立的民用工程师协会也强调职业精神，彼此忠诚和忠诚于雇主或客户。这种职业精神促进了职业成员的团结，也利于工程师在工程活动中获得工作机会得到发展。其后创立的美国各个工程师职业协会受到它的重要影响，忠诚于雇主或客户成为工程师工程实践中考虑的重要内容。

2. 工程师忠诚雇主与职业的道德义务冲突

工程师不仅仅是工程师职业协会成员，同时他们也是一名雇员（大部分工程师受雇于一定的企业或公司），当然也有些工程师逐渐从工程师转化为管理者、雇主，追求个体利益、商业利益成为许多工程师生存与发展的重要考虑内容。在工程伦理规范早期的长度不到一页的成文条款中，更是明确规定忠诚于雇主是工程师的基本道德义务之一。美国电子工程师协会（AIEE）在 1912 年采用的伦理规范，强调"工程师的第一职业义务

---

① 工程师与工程职业概念详见迈克尔·戴维斯《以职业为棱镜研究技术》，张恒力译，《自然辩证法通讯》2016 年第 4 期；Carl Mitcham, A Historico – Ethical Perspective on Engineering Education：from Use and Convenience to Policy Engagement, *Engineering Studies*, 2009 (1)：35 – 53.

② Carl Mitcham, A Historico – ethical Perspective on Engineering Education：From Use and Convenience to Policy Engagement, *Engineering Studies*, 2009 (1)：37.

是应该关注保护客户的或雇主的利益"。① 美国土木工程师协会在 1914 年采用的伦理规范也要求工程师仅仅是"作为一个忠诚的代理人或受托人"开展行动。② 忠诚于雇主的义务要求在伦理规范的条款中一直处于显著的位置。下面这一事例更是直接指出工程职业协会有时也在维护着这种忠诚雇主的道德义务条款。

　　在 20 世纪 30 年代，加利福尼亚的两位土木工程师公开地报告了为洛杉矶水务部门工作的一个承包商的违法行为，相关人员也由于受贿而被定罪。但是，揭发的工程师随后由于不忠诚于职业和破坏伦理规范，被美国土木工程师协会除名。这一案例也激起对忠诚道德义务作为一个伦理原则的讨论。③ 而忠诚义务作为工程伦理规范与教育中的一个特殊问题，一直到 20 世纪 80 年代还在持续讨论之中，还涉及忠诚于社会与公众等，工程师要把公众的安全、健康与福祉放到至高无上的地位。④ 另一方面，工程师忠诚于职业，是职业自治的基本要求，守护着工程师作为职业者的基本道德义务。工程师不仅仅是公司的雇员，忠诚于雇主而承担着角色责任；还是工程职业成员或会员，忠诚于同事与职业，共同维护着职业道德理想和职业道德责任。比如，1914 年美国土木工程师协会伦理规范规定，不准破坏职业或其他同事的荣誉；同事之间不准相互诋毁；不准以夸大自身能力等方式获得工作等。⑤ 1912 年美国电子工程师协会伦理规范规定，电子工程师应该积极通过交流信息、提供指导与建议等方式帮助同事；工程师不允许非技术人员对他们在纯工程领域的技术判断提出质疑和否定。⑥ 彼此忠诚并维护职业荣誉，成为工程师的忠诚道德义务的基本职责。这种彼此忠诚与忠诚于职业的道德义务是职业自治发展的基本要求。同时，工程师职业协会也通过系列职业制度保护着职业自治，如严格的高标准的会员制度，职业奖励制度等，共同促进形成职业精神。而这种职业自治也时

---

① AIEE Code of Ethics (1912), http：//ethics. iit. edu/ecodes/node/5068.

② ASCE Code of Ethics (1914), http：//ethics. iit. edu/ecodes/node/4093.

③ Flores, Albert and Robert J. Baum, *Ethical Problems in Engineering*, Troy：Rensselaer Polytechnic Institute, 1978.

④ Baron, Marcia, *The Moral Status of Loyalty*, Dubuque：Kendall/Hunt, 1984.

⑤ ASCE Code of Ethics (1914), http：//ethics. iit. edu/ecodes/node/4093.

⑥ AIEE Code of Ethics (1912), http：//ethics. iit. edu/ecodes/node/5068.

时受到商业利益的侵扰，工程师和工程职业协会也在平衡着两者之间的关系。

其实，工程与商业关系密切，商业利益对工程职业自治的干扰尤为明显，而技术专家治国论和商业利益干扰很大程度影响了工程职业自治，这时的工程伦理规范如何协调两者内容，如何既保障个体工程师生存发展的当前机会，又保障工程职业整体的长期发展，是工程伦理规范需要着重关注和解释的重要话题。如果说起初工程师的生存与发展成为个体工程师的头等大事，忠诚于雇主是生存之本，那么伴随着技术的进步与发展，特别是第二次世界大战后，工程师地位的崛起和技术能力被广泛认可，工程师提升待遇和更多的关注商业利益的诉求可能缓解，在一定程度上促进了工程师个体和工程师职业协会更多地关注职业自治和工程职业标准和道德理想，这时工程师因为忠诚义务的道德冲突得以消解，忠诚于雇主与忠诚于职业义务可能更好地协调和融合，工程职业自治得到更有效地保障。正如戴维斯（Michael Davis）[1] 所说，工程伦理规范必须能够提供更多的解释力，使工程师在面临忠诚义务冲突时，在商业利益的生存尺度范围与长期发展的职业保障方面做到平衡、协调，使个体生存意义上的商业利益得以保障，也使维护职业标准的职业自治发展方面得以体现。

三　工程伦理规范的完善：从效率完美到社会责任

工程师作为技术主体，对于技术效率、完美与创新有着天然的兴趣和本职要求。特别是近代以来，工程师在科学教育推进下，以科学引导技术、融入技术，使技术发展速度与效率以指数形式增长，进而创造出更多的物质产品，使人类物质生活条件得到极大改善。另一方面，由于技术人工物的无限增多，以及造成各种资源的极大消耗，使自然环境遭受极大的破坏，导致生态失衡，产生了严重的环境污染等问题，危及了人类自身生存。面对这种种挑战以及随之而来的技术风险，工程师和工程师职业协会也在对技术本身及工程职业道德理想进行深刻的反思。

1. 工程师的技术效率与完美追求

工程师作为技术职业者，追求技术效率、完美是其基本职业要求，也

---

[1]　Davis, Michael, *Profession, Code and Ethics*, Burlington: Ashgate, 2002, pp. 99 - 119.

是其重要美德之一。马丁（Mike W. Martin）总结出工程师须具备四种美德"公众福祉、职业胜任、合作实践和人格完整"。[①] 其中职业胜任美德就强调工程师对技术效率和完美追求的鼓励和支持，要求工程师在工程技术活动中勤奋、耐心和细心，敢于创新，创造出更多的技术产品。同时，许多工程职业协会伦理规范也对技术追求和努力有着明确的规定。比如，1979 年 IEEE 伦理规范第一条规定，电子工程师必须勤奋努力在创造性、产出方面达到高标准。[②] 1977 年 ASCE 伦理规范要求工程师必须通过继续教育、参加学术会议等方式持续学习并掌握最新的技术动向与发展。[③] 在技术创新过程中，工程师满足了个体兴趣，找到其追求的职业理想和道德价值。技术效率与完美成为工程师作为工程技术人员的技术发展旨向和内在性要求。正是在这种美德品质和道德理想追求中，工程师实现了人生与职业价值。然而，如果过度追求技术效率与完美，则容易导致削弱人类的总体福祉。当以追求技术完美为目标时，可能并不会很好地使用有限的自然和社会资源从而造成资源浪费等问题。比如，一款具有多种功能的智能手机，其实对于许多使用者来说，即使到最后更换新手机时还有许多功能从来没有尝试使用过。另外，在追求效率和完美过程中，手机的更新换代速度很快，许多手机仅使用不到一年都换成新手机了，这都在很大程度上造成了自然资源的过度损耗与浪费。因而，工程师在关注技术效率与完美的同时，更需要关注技术使用资源带来的环境问题以及对于公众的责任。

2. 工程师保护环境和公众安全等的社会责任

第二次世界大战后，美国社会经历了多次思想运动，重要的包括环境保护运动、核武器使用的反思，以及黑人争取民主权利运动等。这些运动促使科学家们包括工程师在内开始反思工程技术带来的社会影响和环境后果，也让公众对自己的所处之所更加敏感，权利意识增强。同时，这也促使工程职业协会调整工程伦理规范，以适应工程师的工程技术活动中新的道德义务要求，符合工程技术应用风险增大等特点。其中，三大工程师协会调整伦理规范以保障公众的安全健康与福祉。如成立于 1932 年职业发

---

① Mike W. Martin, Roland Schinzinger, *Ethics in Engineering*, The McGraw-Hill Companies, 2005, pp. 67-68.

② IEEE Code of Ethics (1979), http://ethics.iit.edu/ecodes/node/3244.

③ ASCE Code of Ethics (1977), http://ethics.iit.edu/ecodes/node/4048.

展工程师协会（Engineers Council for Professional Development，ECPD），后来发展成为工程认证委员会（Accreditation Board for Engineering and Technology，ABET）与工程协会联合会（American Association of Engineering Societies，AAES）。作为工程专业协会组织的成员，对美国工程职业协会伦理规范的调整起到重要作用。其分别于 1963 年、1974 年和 1977 年对伦理规范进行了修改，这一规范最终修订版中七个"基本规范"的第一条规定如下："工程师在履行他们的职业义务过程中，应该把公众的安全、健康、福祉放到至高无上的地位上。"[①] 而成立于 1934 年的美国国家工程师职业协会（NSPE），是一个由 50000 人组成的非政府组织（NGO），协会成员都是职业工程师。目标声明是"提升伦理和能力的工程实践，支持认证，并提高其成员的形象与福利"。在 1981 年制定自己的伦理规范，第一条规定是"把公众的安全、健康和福祉放到至高无上的地位。"[②] 美国电子电器工程师协会，作为世界上最大的职业工程 NGO，会员超过 300000 人。在 20 世纪 70 年代早期，也对伦理规范进行了调整。在 1974 年伦理规范第 4 条具体说明成员都有责任去"保护公众的安全、健康和福祉"。在 1990 年简化版伦理规范十原则中第一原则即强调公众责任，指出成员"有责任作出符合公众的安全、健康和福祉问题的决策。"[③] 其实，同时期伦理规范在强调公众安全健康福祉责任的同时，也强调工程师要关注环境问题，注重生态保护。在 1980 年，美国土木工程师协会对伦理规范进行了调整，其第一条款的指导方针指出工程师应该有义务提升环境以改善我们的生存质量。尔后，美国土木工程师协会认识到可持续发展概念作为积极的意义有利于界定工程师对于环境的责任，在 1996 年声明中，"（工程师）应该努力在他们履行他们职业责任时符合可持续发展原则"，加入第一条款。1997 年，美国土木工程师协会的伦理规范调整后的第 1 条基本规则，指出工程师应该把公众的安全、健康和福祉放到至高无上的地位，并且在履行他们的职业义务时，尽力遵守可持

---

① Heinz C. Luegenbiehl, Michael Davis, Engineering Codes of Ethics：Analysis and Applications, http：//ethics. iit. edu/publication/CODE - Exxon%20Module. pdf.

② NSPE, Code of Ethics (1981), http：//ethics. iit. edu/ecodes/node/3272.

③ Emerson W. Pugh, Creating the IEEE Code of Ethics, *History of Technical Societies*, 2009 IEEE Conference on the date 5 - 7 Aug. , 2009.

续发展原则。① 美国机械工程师学会也在 1998 年，增加了第八条款："工程师应该考虑他们职业责任时产生的环境影响。"2003 年，加入了一个第九条款："工程师应该在他们履行职业责任时考虑可持续发展。"② 当然，从表面上看，把环境价值引入伦理规范，工程师协会对于环境价值的认识提升了一大步，但是可能由于对可持续发展的理解差异，以及工程技术的风险性和工程伦理规范的原则性等要求，造成在实践中的工程师在保护环境问题上依然可能面临许多挑战。

从技术效率完美到公众安全、健康与福祉以及环境保护的关注成为工程伦理规范调整与改变的重要内容。这本身也是对技术效率完美追求的一种深入的反思，导致人们对技术态度与立场产生重大的转变——技术乐观主义到悲观主义，也推进工程师职业、工程师个体对此作出回应。在某种意义上看，工程师追求技术效率完美的天然性与其兼顾安全、公平的正义性平衡，成为职业技术追求与职业自治理想的自然冲突，成为伴随工程师职业活动始终的基本问题，也是工程伦理规范最为重要的话题之一。伦理规范第一原则把公众的安全、健康与福祉放到至高无上的地位反映着工程师对于工程职业的道德原则和道德理想认识的改变，以及对技术态度的变化。这些突出的技术问题与风险，促使公众与其他利益相关主体更加关注、重视工程师的技术能力之外的职业道德问题，也对从事工程技术的工程师提出更高的职业道德要求，促使工程伦理规范的内容更加细致、更加符合现时代主题要求。例如，在全球化、新兴技术等推进下，工程职业面临许多新问题，如跨文化、互联网等带来的道德价值冲突和文化制度差异，促使工程职业协会积极调整伦理规范的具体内容以适应工程职业跨文化、全球化发展带来的实践困境。

四　余论

综上所述，作为职业自治表现形式的伦理规范，在个体自主的道德榜样的争论中，促使工程伦理规范的制定与发展；在商业利益与职业自治的

---

① P. Aarne Vesilind, Evolution of the American Society of Civil Engineers Code of Ethics, *Journal of Professional Issues in Engineering Education and Practice*, 1995 (1): 4 - 1.

② Emerson W. Pugh, *Creating the IEEE Code of Ethics*, *History of Technical Societies*, 2009 IEEE Conference on the date 5 - 7 Aug., 2009.

平衡博弈中，维护着职业自治的道德理想与义务；在技术效率效益和完美与职业自治多元道德价值冲突中，技术态度与立场推动着工程伦理规范的变革与发展。这种内在与外在的多元道德价值和义务冲突，促使工程伦理规范的生成与变革。其实，围绕着职业自治形成的三大道德义务冲突：个体自主与职业自治、商业利益与职业自治的忠诚义务冲突；技术效率道德义务与公众安全健康与环境保护的道德义务冲突（见图3—2），始终是工程职业面临的核心问题，也是工程伦理规范为之进行关注和重点解决的道德义务要求问题。因之，我国工程伦理规范的制定、调整依然需要关注职业自治中的个体自主、商业利益和技术效率等核心道德价值的义务冲突问题。这些问题的明晰和探讨有利于推进我国工程职业的形成，更有利于推进工程伦理规范的生成与发展。

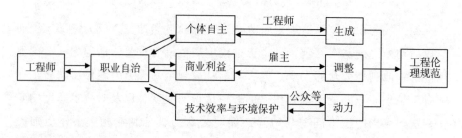

图   3—2

结合美国工程伦理规范的发展经验来看，对于工程伦理规范的发展和实效起到重要作用的工程主体尤其需要关注和重视。第一，工程师的自主性问题。工程师个体权利与义务关系的匹配，使工程师能够对于工程师自身的职业活动特点，职业权利、角色权利和个体权利有着相当的认知和理解，并能够对之进行相应地驾驭，在权利自主的基础上，工程师才会真正地理解和认可伦理规范，由外在的被迫地遵守变为内在的主动地推进，成为其个体的道德理想和精神家园，其使命感、神圣感和责任感才会在工程实践活动中由道德权力的履行带来道德义务的践行。第二，工程师职业协会的自治性，是工程伦理规范能够制定与发展的基础和前提。工程师职业协会的自治性，工程师职业协会能否真正成为代表工程师职业权益和维护工程师职责的社会组织，在某种程度上决定了工程师对其的认同感和归属感。工程师职业协会制定的职业伦理规范才会成为工程师个体的共同追求的道德目标和道德理想。职业自治的工程师职业协会的独立、自主、公正、客观、公益等特征，决定了工程师职业协会应该制定符合工程职业整体发展的道德理想体现的工程伦理规范，才能在复杂多元的工程实践中对于常处道德困境的工程师提供有益的帮助和指导。第三，工程伦理规范的实效性，要求工程伦理规范注重其职业实践内容的调整与发展。工程伦理规范针对跨文化的不同的职业特点、工程技术实践的新问题，调整其内容依据，使伦理规范具有更强的针对性、操作性，才会使工程伦理规范不流于形式，也促使伦理规范从高高在上的工程职业的道德理想转化为工程师个体实践活动中道德践行的原则和依据。

第四章 从工程实践到职业制度
——工程伦理职业理想与愿景

第一节 论工程设计的环境伦理进路*

工程设计作为工程实践的第一个大型活动环节，在工程活动中起着举足轻重的作用，而工程实践中的许多伦理问题，也都是从设计中埋设下的，因此，工程师首要而集中关注的伦理问题，应该是工程设计中的伦理问题。正如戴温（Dewan）所说："如果工程师没有理解他们设计的意义，那么如何成为伦理的工程师就不再重要了。"①同时工程设计的伦理问题有许多，既包括传统的伦理问题，如设计的理念和价值问题，设计的功能问题等，也包括环境伦理等问题。其实，近年来，由于工程特别是大型工程对环境影响的增大，更由于可持续发展和环境保护已经成为世界各国关心的话题，工程设计中的环境伦理问题也日益突出。关于工程设计的伦理蕴涵，美国工程伦理学家马丁曾举过一个鸡笼设计的事例。这一设计有如下的设计要求：提高蛋和鸡的产量、合理的编制材料、设计的结构空间与结实和耐用性，更人性化的环境（透气度、舒适度、送食物和水的方便性和安全性保护），以及优化鸡粪清洁程序而最小限度地破坏环境。② 可以看出，在环境伦理日益突出的今天，即使在这样一个最简单的设计之中，也可以体现出一定的伦理价值；它不仅涉及安全与效率等基本标准，也涉

---

* 本文原载《自然辩证法研究》2010 年第 2 期。

① Dewan, R., Toward a Social Ethics of Engineering: The Norms of Engagement, *Journal of Engineering Education*, 1999（88）：89.

② Mike W. Martin, Roland Schinzinger, *Ethics in Engineering*, Boston：McGraw – Hill, 2005, pp. 3 – 4.

及在原料的利用和排泄物处理中如何保护环境。本章主要从工程设计角度探讨如何进行环境保护，以促进可持续发展。

一　工程设计的环境保护需求

在现代工程活动中，设计是一个起始性、导向性、全局性的环节，设计是工程项目的核心。设计开始于对于需求的识别以及对于满足需求方法的认识。设计过程也随着对问题的定义而展开，并随着计划指导下的研究与开发计划的进展而继续进行，最终构造出某种产品的原型并给出相应的评价。[①] 同时设计是最能够体现工程师活动内容的活动。设计是指创造出以前所没有的东西，或者是对于某个新问题的解决方法，或者是对于以前就已经解决了的问题的更好的解决方法。[②] 在汉语词典中，设计是指"根据一定的目的要求预行制定方法、程序、图样等的活动"。在工程哲学中，设计是包括人的思维、想象、目的、意志及手段采取等的计划过程。现代设计是指以市场需求为驱动，以知识获取为中心，以现代设计思想、方法为指导和现代技术手段为工具，考虑产品的整个生命周期和人、机、环境相容性因素的设计。设计一般应遵循功能满足原则、质量保障原则、工艺优良原则、经济合理原则和社会使用原则。[③] 因此，从设计涵义和所遵守的原则可以看出，作为工程实践活动核心的设计，对工程活动和产品开发起着巨大的或者说决定性的作用。"好"的工程需要好的"设计"作为前提和基础；而"坏"的设计实际上等于在设计阶段"预先"为工程埋下"隐患"，而在此后的工程活动中这些"定时炸弹"随时都可能爆炸。这就要求我们在设计活动中进行多方面的价值审视，不仅需要关注经济效率、利益驱动、功能满足等要求，更应该关注质量保障（安全）、社会使用（环保）等要求。在工程设计中，无疑伦理扮演着一个积极的角色，推动创造有益的产品并且促进开发、使用、维护、处理整个过程的良性循环。今天漫不经心的设计，将是人类明天极具破坏性的灾难。例如一

---

① J. B. Reswick, Foreword to Morris Asimov, Introduction to Design Englewood Cliffs; N. J. : Prentice – Hall, 1962, p. iii.

② ［美］丹尼尔·L. 巴布科克、露西·C. 莫尔斯：《工程技术管理学》，金永红、奚玉芹译，中国人民大学出版社 2005 年版，第 198 页。

③ 王永强：《现代设计技术》，http：//it. caep. ac. cn。

次性的快餐盒、制冷用的氟利昂、碱性干电池、汽车的噪声及尾气、通信设备的电磁波、人造板中的甲醛、产品的过剩生产、传媒无情侵犯、工业废料、核废料等等，都已经对人类的生存和生活造成了重大的影响，因此，所有这些问题都警醒我们在工程设计中关注环境问题和可持续发展。

　　工程师和工程在推动可持续发展中扮演着关键角色。[1] 这种角色主要表现为国际工程组织对于可持续发展的认可，以及工程协会章程的规定和工程师设计项目的标准要求。工程社团在 1992 年建立了世界工程可持续发展协约（The World Engineering Partnership for Sustainable Development，WEPSD）[2]，传统的工程组织包括如 ASCE，IEEE 和 AAES（The American Association of Engineering Societies）[3] 也发布了立场声明。比如 AAES 声明：工程教育必须持续地灌输学生对于可持续发展的一种早期尊重和伦理意识，包括理解和评价文化与社会的特征与不同世界共同体中的差异……甚至，我们必须努力教育社会的所有成员并且推动更广泛地使用一种可持续发展伦理；特别在私人和公共部分的决策的制定者、发展者、投资者，以及地方、地区、国家和国际政府组织中开展这种活动。[4] 工程师在创造财富和推动创新中扮演着核心的角色，发展和构思包括设计标准中的可持续发展和公平的技术，是推向可持续发展实践的必要部分。但我们更应该看到，由于可持续方法的复杂性和丰富性，工程师协会章程对于可持续发展有一定要求，往往只注重对环境方面的要求，而且也只是建议，并没有规定为必须；同时工程师在工程设计时，对设计标准的选择，最终还要受到管理者和消费者的影响和制约，所以，可持续发展仅仅依靠工程师是不可能的并且也是不现实的。它不仅需要工程师的努力，更需要相关团体（包括企业和职业组织）的努力；同时也需要国家政府的努力，更需要国

---

①　Stephen Johnston, Sustainability, Engineering and Australian Academe, *PHIL & TECH* 2, pp. 3 – 4.

②　Carroll, W. J., World Engineering Partnership for Sustainable Development, *Journal of Professional Issues in Engineering Education and Practice*, 1993 (119): 238 – 240.

③　Grant, A. A., The Ethics of Sustainability: an Engineering Perspective, *Renewable Resource Journal*, 1995 (spring), pp. 23 – 25.

④　AAES, Statement of the American Association of Engineering Societies on the Role of the Engineer in Sustainable Development, in *The Role of Engineering in Sustainable Development*, AAES, Washington D. C. , 1994, pp. 3 – 6.

家之间的积极合作。而本书只是限于根据工程活动的特点和工程师所面临的伦理困境进行考察，所以，我们仅仅重点关注从工程设计角度进行环境的保护，探析工程师在工程设计过程中，在进行环境方面的考虑时所遭遇的伦理困境。

在我国，环境保护有着更为重要的意义，并且也面临着更加严峻的考验。党的十七大报告明确指出，"建设生态文明，基本形成节约能源资源和保护生态环境的产业结构、增长方式、消费模式"。但如何把保护环境与促进经济发展结合起来则是比较困难的问题。现在的经济发展模式和企业经营方式大多数是以牺牲能源消耗、环境资源为代价，换取某种经济增长和经济效益，因此关注环境、保护环境就成为现实而迫切的挑战。在国际上已经成立了国际环境保护组织并制定了产品标准，如在1989年由71个公司签名组合而成立的环境责任经济联合体（the Coalition for Environmentally Responsible Economies，CERES），要求签名的公司生产和制造对于公众有用，并符合环境履行报告的日常标准的产品。许多大型公司如通用汽车公司（General Motors）、可口可乐公司（Coca - Cola）、美国航空公司（American Airlines）、福特汽车公司（Ford Motor Company）和耐克公司（Nike）等都是这一组织的签署成员。与此同时，许多国际公司也采用赋有更多环境责任行为的标准ISO 14000。其实国际标准化组织（The International Standards Organization，ISO）已经制定了许多标准，尽管并不是所有的标准都有关于保护环境。其中ISO标准中心部分之一是ISO 14000级数——"环境管理工具和系统的标准"，包含环境管理系统，环境审计和关系调查，环境分类和宣言，环境成绩评估和生命周期评价。所以，ISO 14000标准一方面为世界范围内的公司提供了一个共同的框架来管理环境问题，同时这些标准又能推动贸易并提高世界范围的环境保护。[①]

当然这些环境标准和组织要求设计与生产符合环境要求的产品。"绿色设计"（Green Design）无疑指明了设计的发展方向。"绿色设计"是指在产品的整个生命周期内（设计、制造、运输、销售、使用或消费、废弃处理），着重考虑产品的环境属性（自然资源的利用、对环境和人的影

---

① http://www.iso.org.

响、可拆卸性、可回收性、可重复利用性等），并将其作为设计目标，在满足环境目标要求的同时，并行地考虑并保证产品应有的基本功能、使用寿命、经济性和质量等。[①] 作为产品设计者的工程师，在设计符合标准和环境要求的产品中当然扮演着核心作用。德国著名伦理学家伦克指出，"我们不仅有消极的责任把健康和良好的生活环境留给后代，而且也更有积极的责任和义务避免致命的毒害、损耗和环境破坏，而为人类的将来生存创造一种有价值的人类生活环境"[②]。这一方面指出工程师有责任关注产品的环境指标和对于环境带来的影响，关注产品的可持续利用，也要求工程师在设计过程中，除了关注产品的实用性、功能性、新颖性等形式要求之外，更应关注产品的可回收利用性、材料损耗度、环境破坏度；另一方面，在设计过程中，如果工程师关注的设计标准与管理者和客户的功能取向和要求常产生冲突，工程师要善于处理并协调好其关系，尽量设计符合环境标准的产品。

二　工程设计的可持续路径

在工程设计阶段，生态性保护原则为工程设计提供原则性指导；"组合设计"和"循环设计"为工程师保护环境和预防污染提供参考；必须依据相关的环境法律，评估工程设计可能造成的环境影响，已成为工程设计程序的基本要求；国家政府、企业公司、民间环保组织，以及公众参与到环境保护中来，建立科学规范的协调机制，才能够更好地促进环境保护。

从工程设计原则上看，生态保护原则是工程设计的基本原则。这一原则旨在从根本上转变工程师的人类中心主义观念，平等地对待自然并尊重生物多样性，并在工程设计中考虑对于环境和生物可能造成的影响和危害。这一原则也能够促使工程师充分认识到人与自然是相互依存的，人类是自然界的变动者，同时也是自然界的一部分；人对自然的依存要通过人类的主观能动作用，在变革自然的同时要善待自然，使之与人类和谐共

---

① 李飞、刘子建：《设计中的设计伦理》，《轻工机械》2004 年第 4 期。

② Hans Lenk, Distributability Problems and Challenges to the Future Resolution of Responsibility Conflicts, http：//scholar. lib. vt. edu/ejournals/SPT/v3_ n4/lenk. html.

处。正因为人类在自然面前具有主体地位及人类对自然的能动作用使得技术成为改造物质世界的决定力量，工程作为技术的应用和实践，在展示技术力量的同时，应该从更高的意义上展示出人类的无穷智慧和人类的道德责任和精神。①因此，这一原则要求工程师有责任保护环境，并为工程师在工程设计中协调人与自然的关系指明了方向。

从工程设计方法上看，"组合设计"和"循环设计"为工程师保护环境和预防污染提供了参考。组合设计是指按照标准化的原则，设计并制造出一系列通用性较强的单元，根据需要拼合成不同用途物品的一种标准化形式的设计，也有人称它为"积木化"和"模块化"的设计。组合化设计的特征是统一化的单元既能组合为物体，又能重新拆装，组成新结构的物体，而这些统一化的单元由此可以多次重复利用。循环设计就是回收设计（design for recovering & recycling），就是实现广义回收所采用的手段或方法，即在进行产品设计时，充分考虑产品零部件及材料回收的可能性、回收价值的大小、回收处理方法、回收处理结构工艺性等与回收有关的一系列问题，以达到零部件及材料资源和能源的充分有效利用、环境污染最小的一种设计思想和方法。例如用循环纸代替塑料袋，简化产品结构，提倡"简而美"的设计原则，设计中避免黏结或拧螺丝，而采用互相衔接的钩扣以便随意地更换产品在使用期间损坏的零件，有效地节省材料。② 在这些设计中，工程师不仅需要考虑在产品中限制使用大量的材料，还需要考虑产品设计所使用的材料要容易回收循环。这充分地说明工程师在服从雇主要求的同时，也可以考虑保护环境，使两者有机地结合起来。

从工程设计程序上看，在工程立项和决策中，必须依据相关的环境法规，进行工程设计可能造成的环境影响评估。如国家大科学项目北京正负电子对撞机重大改造工程（BEPCII）在工程立项的可行性报告中，详细考察了二期工程设计可能带来的环境、卫生方面的影响。国家环保总局批准了高能物理研究所关于《北京正负电子对撞机重大改造工程环境影响报告书》，国家卫生部办公厅组织评审了关于《北京正负电子对撞机重大

---

① 陈凡：《工程设计的伦理意蕴》，《伦理学研究》2005 年第 6 期，第 83 页。

② 王苗辉：《工业设计需要伦理的约束》，《机械设计》2006 年第 8 期，第 6 页。

改造工程放射防护评价报告书》。① 而健全的环境法律，能够为环境影响评估提供良好的法律基础，美国关于环境影响的法律可以说是个典型。美国国会 1969 年通过了国家环境政策行动法案（the National Environmental Policy Act，NEPA）。该法案执行"一项国家政策来鼓励保持人类与自然的生产性和愉快的和谐……"NEPA 中最有名的条款之一是要求发布一个环境影响声明，需要列举项目对于环境的影响。随后国会形成环境保护处（the Environmental Protection Agency，EPA）来执行它的命令。在其后的几十年里国会颁布了四个主要领域关于控制污染的法案。如 1970 年《清洁空气法案》（the Clean Air Act of 1970），并在 1977 年进行了修订；1972 年颁布《清洁水法案》（the Clean Water Act），并于 1972 年、1977 年和 1986 年进行修订；1980 年颁布《综合环境回应，补偿和责任法案》（the Comprehensive Environmental Response，Compensation and Liability Act）。② 这些法案都是重要的联邦法律，为工程师在工程设计时进行保护环境方面的关注提供了法律依据，同时也促使管理者在工程决策时认真考虑环境法律的相关规定。与之相比，我国也在 1979 年颁布了《环境保护法》；1989 年先后颁布《中华人民共和国水污染防治法实施细则》《中华人民共和国环境噪声污染防治条例》《放射性同位素与射线装置放射防护条例》；2000 年颁布了《中华人民共和国大气污染防治法》，目前与环境相关的法律也正处于一个逐步完善和健全的时期。这些环境法律和程序规定为工程师保护环境提供了法制上的支持，也给予工程师能够基于个人的信念或对于职业责任的理解而有权不服从组织。在关于保护环境的问题上，工程师有权以对立行为的方式、以不参与行为的方式和以抗议的方式而不服从管理者的规定。但是由于一些组织可能拥有非常有限的资源，以至于对拒绝从事于某一个项目的工程师无法另行分配任务，所以，这些权力在组织上是有限制的。③

从工程设计协调机制来看，由于工程设计涉及许多复杂的因素，同时

① 张恒力、高远强：《我国大科学工程改造升级的管理与运行——以北京正负电子对撞机重大改造工程（BEPCII）为例》，《中国科技论坛》2007 年第 2 期，第 40 页。

② Engineers and the environment，http：//ethics. tamu. edu/ethics/essays/environm. htm.

③ ［美］查尔斯·E. 哈里斯、迈克尔·S. 普里查德、迈克尔·J. 雷宾斯：《工程伦理：概念和案例》，丛杭青、沈琪等译，北京理工大学出版社 2006 年版，第 181 页。

保护环境问题更涉及许多相关的部门，所以，需要设立协调机制或机构来促使国家政府、企业公司、民间环保组织，以及公众参与到环境保护中来，积极地促进环境保护运动。美国环境学者科尔曼在分析造成环境问题的原因和处理政策上，打破传统，指出并不能够靠个体行为来保护环境，而更应该关注政府和公司的行为。同时应该确立生态责任、参与型民主、环境正义、社区行动等价值观，并指出生态型政治战略是行之有效的。① 虽然他的这套设想未免有些理想化，并对生态社会的改造运动未免过于乐观，但他还是明确地指出了政府和企业应该成为保护环境的主体，同时也指出工程师的决策权利和伦理责任方面都是非常有限的。

从政府角度而言，著名华裔科学家、诺贝尔奖得主朱棣文教授在中国科学院研究生院发表演讲时指出："政府在保护环境和促进可持续发展战略中扮演着不可忽视的角色。"② 中国国家环境保护总局最近要求把环境问题与地方政府领导的政绩联系起来，若地方减排不达标，党政一把手就地免职。③ 但政府在环境保护问题上也面临着效益与环保的矛盾。国家和地方政府既有发展经济，增强综合实力的任务，也有保护生态，避免和减少污染环境的任务，在理论上说两者都很重要，而从长远意义上说是后者更加重要。④ 所以，政府在发展经济过程中的环境保护立场无疑为工程师在工程设计上的环境保护提供了外在的支持。同时世界工程组织联合会（WFEO）采用了包括广义原则、实践伦理规定、环境工程伦理和结论的伦理规范，并在规范的第Ⅲ部分环境工程伦理要求工程师应该"……评估正在涉及的生态系统的结构、动力和审美、都市化或自然的，以及在相关的社会—经济系统所带来的所有影响，并且选择最好的发展路径，既是环境合理的也是可持续的"等内容。这些规定是用词语"工程师应该"，超越了 ABET、NSPE、ASCE、IEEE 和 ASME 所规定的"建议工程师"保护环境，明确要求超越人类的利益而延伸到整个生态系统来保护环境。⑤ 这

① ［美］丹尼尔·A. 科尔曼：《生态政治——建设一个绿色社会》，梅俊杰译，上海译文出版社 2002 年版。

② http：//news. gucas. ac. cn.

③ http：//news. tom. com/2007 - 11 - 24/OI27/64536529. html.

④ 陈昌曙：《陈昌曙技术哲学文集》，东北大学出版社 2002 年版，第 312 页。

⑤ http：//www. wfeo - comtech. org/wfeo/WFEOModelCodeOfEthics0109. html.

也为工程师进行环境保护提供了伦理规范的支持。

从企业角度而言，应该设立专门环境协调部门（可称之为环境评估委员会），处理和解决工程师与客户、管理者在工程设计中关于环境标准、环境影响上的分歧。这样一个部门必须符合几个方面的要求：权力独立、职能单一（环评）、功能多元（协调环境部门、工程师、环保组织、公众关系）。具体来说，第一，必须是公司中管理独立的部门，不受其他相关部门与单位的制约和限制，直接对公司最高领导负责，制定的相关政策与建议直接汇报给最高领导；第二，部门职能就是对涉及公司开发新产品和参与项目进行环境方面的评估，并监督其他部门在产品设计和制造过程中履行环境保护规定，同时部门成员应该熟悉相关的环境法律法规和工程师协会伦理章程中相关的环境保护规章；第三，协调与环境相关的各个单位与人员（公司外部机构如政府环境管理部门、工程师协会部门以及受到环境影响的普通公众）的关系，处理由于公司产品可能造成的环境危害的紧急和突发性事件。而这样一个部门既能够为公司决策者和管理者提供环境方面的咨询，也能够为处于伦理困境的工程师提供帮助和指导。

从普通公众角度而言，应当能够和技术专家（工程师）一样参与到工程设计中。这一方面是现代民主发展对于普通公众权利发展的诉求和尊重，也是对技术统治论观点的驳斥和反击。公众不再是设计过程的外人、被动的消费者，而是积极的参与者。这种在设计过程中关注使用者及其需要的参与性设计（Participatory Design，PD）提出了一种很好的方法来解决工程师的伦理困境。[①] 因为这种设计把普通公众（受到环境影响）的需求联系起来，而普通公众的需求也正是公司管理者所更需要关注的内容（经济利益的关注）。这样体现普通公众要求的设计就会反过来影响管理者对于设计的要求。所以，参与性设计促使工程师与普通公众一起合作来设计更符合公众要求，也更符合保护环境要求的产品。但是，这种参与性

---

① 参与性设计（Participatory Design，PD）作为一种社会运动，发源于斯堪的纳维亚（半岛，瑞典、挪威、丹麦、芬兰的泛称）（Scandinavia），产生的目的是促使计算机系统更好地对于使用者需要做出回应。现在这一运动在许多不同的国家正在兴起。参与性设计（PD）代表"计算机系统设计的一种新方法，在这样的系统设计中，想要使用系统的人们在设计它时扮演了核心角色"。详细参见 Schuler, D. & Namioka, A.（eds.），*Participatory Design: Principles and Practices*, New Jersey: Lawrence Erlbaum Associates Inc Publishers, 1993, p. xi.

设计运动依然处于它的幼年期（infancy），公众参与还要受到参与路径（方法和程序）以及制度保障（保障参与的物质基础和知识要求）等方面的限制。但无疑它能够提供一种全新的方法来进行可能的设计，把使用者的需要以及环境的关注融入工程设计之中。① 这样一种参与性设计促使管理者关注普通公众的需求，同时也就消解了工程师的伦理冲突。

三 结语

工程设计作为工程活动的第一个阶段，对处理和消除工程的各种影响起着决定性的作用。在这一阶段，无论是工程设计主体的工程师，还是工程决策管理者，都应该考虑工程可能带来的种种影响，包括环境、安全、效率、标准等。总之，采用这种原则性导向、方法性要求、程序性规定和机制性协调，有利于工程师在工程设计应对工程伦理困境，识别伦理问题，开展环境保护。在处理工程设计中的相关问题时，能够做到有理（原则依据）、有利（制度支持）、有节（协调解决），同时做到有法（设计方法、环境保护法）可依，有理（原则导向、程序和机制）可循。

第二节 科技政策的工程伦理向度*

科技政策是由一定主体根据相关要求或标准制定的科技方面的政策，对国家、地区和社会都会产生重大影响，不仅会带来经济效益，也会改变一定的价值观念等。科技政策一方面是技术性政策，回答"是什么，不是什么"，同时也是规范性政策，蕴涵着"应该是什么，不应该是什么"。可见，科技政策既包括现实实践目标，也包括伦理价值目标。然而，这些目标在制定、执行和评估过程中却出现了某种偏差。当前，我国科技政策已出现公信力缺乏和效率低下等问题，政策的信用逐步丧失，政策的导向与控制功能不断弱化，导致政策经常出现失灵或夭折的严重局面。与此同

---

① Greenbaum, J. & Kyng, M., *Design at Work: Cooperative Design of Computer Systems*, New Jersey: Lawrence Erlbaum Associates Inc Publishers, Hillsdale, N. J., 1991.

* 本文原载《科学与社会》2012 年第 2 期。

时，科技政策所应展现的"平等""公正""公共"等伦理精神和价值取向等也出现了一定程度上的缺失和偏离。而这些功能性目标和价值性目标的偏离，在一定意义上可以说是由于政策制定主体的差异所导致的。[①] 这些主体的道德水平和对伦理道德的理解认识水平在一定意义上决定着科技政策的制定、运行和后果。科技政策主体一般分为三个层面：精英、共同体、公众。在我国现阶段，科技政策的制定主体是科技精英，一般也是具有一定科技水平和能力的工程技术人员，他们往往成为科技政策制定过程中的核心人群。从工程伦理视角考察他们的道德要求，明确他们在科技政策过程中的责任和权利，无疑会使科技政策制定、运行和评估更加科学、合理。因此，从伦理视角（特别是工程伦理视角）考量科技政策主体的伦理观念和道德要求，应该成为科技政策发展的基本诉求。本书在阐述以工程技术人员基本道德规范为核心内容的工程伦理学发展的基础上，明确工程伦理学中工程技术人员的"安全、责任、诚实"等道德要求，详细论述工程技术人员在科技政策制定、运行和评估中的道德原则，并以工程设计为解读对象，指明工程技术人员的道德向度，以促使相关科技政策更加科学合理规范，促进科技政策更好地符合人性要求，保护自然及推进可持续发展，更好地促进人、自然与社会的和谐。

一　工程伦理的发展过程与道德要求

现代科技的发展，使人类生产生活水平得到了大幅度改善和提高，但是也不可避免地导致了环境破坏、生态失衡，对人类生产和发展带来了许多不利影响。这些情况在 20 世纪初、30 年代大萧条时期，以及 20 世纪七八十年代尤为严重。许多公众开始怀疑技术的作用，逐步改变了先前的技术乐观主义态度，认为作为技术专业人士的工程师应该承担更大的责任。70 年代，为了回应公众对技术的质疑和工程师社会责任的争议，工程伦理学在美国应运而生。

为了使工程师更充分地理解技术和相关技术政策，提高社会责任，工程伦理学研究包括"技术风险与工程安全""工程师职业规范""伦理基础理

---

① 李侠、蒋美仕：《论科技政策制定中的伦理基础缺失问题》，《中国科技论坛》2006 年第 4 期。

论""全球化和环境问题"等内容，促使工程师从伦理角度深刻地认识技术的伦理价值和自身的职业责任，提高道德敏感性。当然，工程技术人员不仅需要认识到技术的道德价值，更需要充分理解相关技术政策的道德正当性与合理性。正如美国著名工程伦理学家 M. 马丁（Mike Martin）从伦理学的描述和规范意义上界定了工程伦理学："从规范意义上（nornative sense）看，包括两层含义，第一，伦理学等同于道德，工程伦理学包括从事于工程的人所必须认可的责任与权利；第二，伦理学是研究道德的学问，工程伦理学是研究工程实践和研究中道德上正当的决策、政策和价值。从描述意义（descriptive sense）上看，也包括两层含义，第一，是指工程师伦理学，研究具体个体或团体相信什么并且如何开展行动；第二，是指社会学家研究伦理学，包括调查民意，观察行为，审查职业协会制定的文件，并且揭示形成工程伦理学的社会动力。"① 这一概念内涵告诉我们，工程伦理学不仅是工程师的职业道德研究，更应该包括相关科技政策道德正当性的研究。因此，从工程伦理视角关注科技政策的正当性、关注作为科技政策主体的工程技术人员的伦理责任向度，也是工程伦理学自身发展的应然要求。

工程职业伦理规范的核心道德条款也能够为规范工程技术人员的技术行为提供有益的帮助。如美国工程师协会规范中增加了一些伦理方面的要求②，最明显的是几乎各大工程师协会的职业规范都把"工程师的首要义务是把人类的安全、健康、福祉放在至高无上的地位"作为规范的根本原则。同时全国工程师职业协会（the National Society of Professional Engineers，NSPE）设立了伦理审查委员会，积极鼓励工程师利用伦理理论来评估工程技术性的各种活动。在美国国家工程院（National Academy of Engineering，NAE）有关 2020 年工程的报告中，也指出伦理标准是未来工程师具备的品质之一。③ 在这些详细的工程伦理规范之中，都规定了工程师的三个核心道德要求——"安全、责任和诚实"。

---

① Martin M. W. , Schinzinger R. , *Ethics in Engineering*, Boston: McGraw – Hill, 2005, p. 8.

② ［美］查尔斯·E. 哈里斯、迈克尔·S. 普里查德等：《工程伦理——概念和案例》，丛杭青、沈琪等译，北京理工大学出版社 2006 年版，第 288—301 页。

③ National Academy of Engineering, *The Engineer of 2020：Visions of Engineering in the New Century*, Washington D. C. : National Academies Press, 2004.

德国社会学家贝克（Ulrich Beck）在其著作《风险社会》（*Risk Society*）中指出，他深深地被作为"人类史上的灾难"（anthropological shock）的切尔诺贝利核灾难所震惊，并进一步强调仅当发生一个重大事故（如切尔诺贝利或三哩岛核灾难）时，我们才认识到我们处于一个危险的世界中。其实，在我们没有认识到风险之前，风险一直就存在着，我们生活在一个"风险社会"之中。① 在工程实践中，最普遍的观念之一就是"安全要素"的概念。保障安全，降低风险已成为每个工程技术人员的核心义务之一。如美国机械工程师协会（the American Society of Mechanical Engineers，ASME）要求"工程师把对公众的生命、安全、健康和福祉判断融入他们的职业工程判断、决策和实践中"，"在批准设计方案之前，工程师应认真审核他们负责的设计、产品或系统的安全性和可靠性"。②

责任是工程技术人员从事工程技术活动和制定技术政策时的基本道德要求。美国工程职业协会伦理规范中，专门设计具体规定了九个方面的责任要求，如工程师应该努力地服务于公众利益、工程师应避免所有欺骗公众的行为等③。中国台湾工程师学会制定了四大责任（对社会、对专业、对雇主、对同事的责任）的"工程师信条"，这些内容一般又被解释为八大责任，即对个人的责任——善尽个人能力，强化专业形象；对专业的责任——涵蕴创意思维，持续技术成长；对同僚的责任——发挥合作精神，共创团队绩效；对雇主/组织的责任——维护雇主权益，严守公正诚信；对业主/客户的责任——体察业主需求，达成工作目标；对承包商的责任——公平对待包商，分工达成任务；对人文社会的责任——落实安全环保，增进公众福祉；对自然环境的责任——重视自然生态，珍惜地球资源。这八大责任促使工程师成为一个敬业乐群、不负社会信托的工程师团体。④ 而这些责任能够促使工程师增加对自身的道德要求，努力去认识和理解技术的相关影响，并通过参与制定相关政策减少或降低不利后果。

---

① Beck, U., *Risk Society*, London：Sage, 1992.

② ［美］查尔斯·E. 哈里斯、迈克尔·S. 普里查德等：《工程伦理——概念和案例》，丛杭青、沈琪等译，北京理工大学出版社 2006 年版，第 295 页。

③ 同上书，第 298—301 页。

④ http://www.cie.org.tw/.

诚实也是每个工程技术人员自身内在的伦理价值要求，不诚实的表现形式主要为"说谎、蓄意欺骗、抑制信息、未能获得事实"等。① 如美国电子电器工程师协会（the Institute of Electrical and Electronics Engineers, IEEE）伦理规则3鼓励所有成员"在陈述主张和基于现有数据进行评估时，要保持诚实和真实"。规则7要求工程师"寻求、接受和提供对技术工作的诚实批评"。美国机械工程师协会伦理规范基本原则2规定工程师必须"诚实和公正"地从事他们的职业。基本原则7规定："工程师只能以一种客观的和诚实的态度来发表公开声明。"要求工程师不要"参与散播有关工程的不真实的、不公正的或夸大其词的声明"②。诚然，这些基本道德要求成为工程技术人员的行为规范和道德指南，能够促使他们在技术活动中提高道德敏感性，在科技政策过程中保持道德立场，维护公众安全、健康和福祉。

二　科技政策制定、运行和评估过程中的基本道德原则

从系统论的角度看，科技政策主要包括制定、执行和评估等系列环节。在这些环节中，政策主体的价值倾向在一定程度上决定着科技政策的实施效果和作用发挥。下面主要以科技政策制定、运行和评估三个阶段为立足点，明确科技政策主体的道德要求和道德原则。

1. 在科技政策制定过程中，坚持平等，遵守知情同意原则

目前，我国科技政策制定长期处于效率与公平之间的徘徊的状态，效率一直较低，公众对此满意度不高。科技精英依然是我国科技政策的主体，掌握着国家的科技话语权和科技资源，形成了科技精英制定科技政策的局面。普通公众在此过程中几乎没有利益诉求和意见表达的机会和渠道，对科技政策制定的许多具体细节和内容也不甚清楚，一直被排除在科技政策制定的主体之外。相关科技信息得不到共享，公众的民主权利得不到尊重和发展。为此，作为科技政策制定主体的工程技术人员，必须明确科技政策的公共性特征，深刻理解科技政策的伦理价值内涵，做到在政策

---

① ［美］查尔斯·E.哈里斯、迈克尔·S.普里查德等：《工程伦理——概念和案例》，丛杭青、沈琪等译，北京理工大学出版社2006年版，第97—98页。

② 同上书，第295—298页。

制定开始就平等地对待每个人，做到利益分配公平、机会参与平等。

平等性作为基本的伦理价值标准，是公正原则的基础，没有平等就没有平等对待的公正。在科技政策制定过程中，政策制定主体应该对科技政策的所有对象给予一视同仁的对待。进一步而言，科技政策制定主体应该对要解决的各种科技问题都要有一个理性的、没有偏颇的认识与对待，应该一视同仁地对待科技政策所要影响到的所有社会成员。[①] 正如美国工程师协会伦理章程规定"工程师提供的服务需要诚实、公平、公正、平等，以保护公众的健康、安全和福祉"。[②] 当然，一项科技政策的制定可能使一部分人受益，也可能使另一部分人利益受损。所有的政策对象应该享受到科技政策制定系统及其政策的一视同仁待遇和平等对待。

而为了保障公众的平等权益，知情同意则成为基本的道德前提要求。其实，在医学伦理中，知情同意已经成为一个核心概念。[③]《世界医学协会宣言》中关于涉及人类主体的医学研究伦理原则（The World Medical Association's declaration on Ethical Principles for Medical Research Involving Human Subjects），《赫尔辛基宣言》（*The Helsinki Declaration*）是最为权威的医学研究伦理宣言，指出知情同意权包括如下内容："在关于人类的任何研究中，每一可能的主体都必须充分地被告知目的、方法、资金来源和任何可能的利益冲突、研究者的机构关系、研究的预期收益和潜在的风险，以及需要承受的不便之处。主体应该被告知有权利放弃参与研究或在任何时间内不受报复地撤销同意参与。在保证主体理解信息之后，医生然后应该获得主体自由地作出认可，更需要签字。如果在签名上不能得到同意，那么非书面的同意必须是正式的证明文件和证人。"[④] 同样，在科技政策制定过程中，美国著名工程学家 M. 马丁和 R. 津欣格（Roland Schinzinger）指出，关注普通公众的知情同意一直是重要的问题，而这种知情同意有三个必需的条件：第一，一个人没有受到强迫；第二，一个人

---

① 覃永毅：《科技政策的伦理问题及其对策》，广西大学出版社 2006 年版。

② ［美］查尔斯·E. 哈里斯、迈克尔·S. 普里查德等：《工程伦理——概念和案例》，丛杭青、沈琪等译，北京理工大学出版社 2006 年版，第 298 页。

③ Faden R.，Beauchamp T.，*A History and Theory of Informed Consent*，New York：Oxford University Press，1986.

④ http：//www.wma.net/e/policy/b3.htm.

必须具有相关的信息；第三，一个人必须有足够的理性和能力来评价这些信息。① 因此，具有一定专业技能和水平的工程技术人员应该充分理解普通公众的权益要求和道德权利，在公众知情同意的基础上，促进公众积极参与科技政策制定过程。2004 年巨能钙产品含致癌物事件、2007 年厦门PX 项目事件，以及上海磁悬浮事件等公共危机突发事件，体现了公众关心公共科技事务，尤其重视科技政策的制定。工程技术人员要将普通公众对科技政策方面的关注和参与引入合理的制度设计之中，给予他们更多的参与机会和渠道，促使科技政策在制定过程中能够协调各种利益诉求，能够基本实现对公共科技资源在社会各个层次中进行公平、正义地分配，促使科技事业向着民主、和谐的方向发展。

2. 科技政策运行过程中，以安全为基础，保障公正原则

科技政策制定的合理、科学和规范，能够为科技政策运行提供良好基础。为了履行科技政策制定的"平等和知情同意"等道德原则，在科技政策运行过程中，科技政策主体必须在维护人类安全的基础上，保障公正。那么何谓"安全""公正"呢？

现代科技带来的风险具有长远性、潜在性、巨大性等特征。比如切尔诺贝利核泄漏造成 31 人当场死亡，320 多万人受到核辐射伤害，对乌克兰造成数百亿美元的损失，这个地方至今也没有人居住而成为"死城"；2011 年发生的日本福岛电站核泄漏造成的危害比切尔诺贝利核泄漏更加严重，泄漏到太平洋的放射性污水可能对海洋生物链产生不可挽救的严重影响，全球几亿人的健康和安全受损；"挑战者"号航天飞机由于一个 O 形封环失效导致失事，造成 7 名宇航员全部遇难，给美国航天局带来几千亿美元的损失。核政策、航天政策等科技政策如何在给人类带来益处的同时，更有效地降低风险，保障安全？这应该成为每个科技政策主体需要深入考虑的问题，在政策运行过程中尤其值得重视。虽然技术已经在许多问题如控制洪水、预防灾害等问题上，大大地降低了风险；但是技术也增加了我们更容易遭受其他自然灾害攻击的风险。比如地震对人口集中地区的

① Martin M. W., Schinzinger R., *Ethics in Engineering*, New York: McGraw–Hill, 1983.

生活更具摧毁性，使我们已经相当完善的水、能源和食品的生命线的技术网络遭受极大的破坏。① 可见，我们始终面临着许多风险。

但是，关于风险问题，不同的主体（如政府部门、科技专家、普通公众）对于风险的理解和认识差异较大。就专家而言，他们认为可接受的风险是"这样的一种风险，在可以选择的情况下，伤害的风险至少相等于产生收益的可能性"。② 就管理者（政府管理者和工程管理者）而言，他们认为"可接受的风险是这样一种风险，其保护公众免遭伤害的重要性远远超过了使公众获利的重要性"。③ 就普通公众（包括消费者）而言，他们认为"可接受的风险是这样一种风险，它是通过行使自由和知情同意权而自愿认可的，或者它是得到适当赔偿的，并且它是公正分配的"。④ 那么作为科技政策执行主体的科技专家，应该把安全作为自己内在的第一位的职业行为准则和道德原则。在科技政策运行过程中，工程技术人员不仅有义务保护公众的安全，预计科技运行可能的负面影响，而且还要努力控制这些消极影响并降低风险。这也是工程职业职责把公众的安全、健康、福利放在至高无上地位的必然要求。与此同时，工程技术人员应该充分运用技术工具进行风险评估，合理评估风险，促使公众参与科技政策并知情同意，促使科技政策在运行过程中把风险降到最低，保障公众安全。

为了更好地促进和保障科技政策制定时的"平等"道德原则，作为科技政策主体的工程技术人员在科技政策运行过程中必须保持"公正"，这要求科技政策对于每个人、组织或机构都是平等的，不能向其中的任何一方面倾斜。正如美国著名政治哲学家罗尔斯的两个正义原则提出："每个人对与所有人拥有的充分恰当的、平等的基本自由体系相容的类似自由体系，都应有一种平等的权利；社会的和经济的不平等应这样安排，使它们在与正义的储存原则一致的情况下，适合于最少受惠者的最大利益，同时依系于在机会公平平等的条件下职务和地位向所有人开放。"⑤ 然而，

---

① Martin M. W., Schinzinger R., *Ethics in Engineering*, Boston: McGraw－Hill, 2005, p. 120.

② 查尔斯·E. 哈里斯、迈克尔·S. 普里查德等：《工程伦理——概念和案例》，丛杭青、沈琪等译，北京理工大学出版社 2006 年版，第 125 页。

③ 同上书，第 131 页。

④ 同上书，第 127—130 页。

⑤ 罗尔斯：《正义论》，何怀宏等译，中国社会科学出版社 1998 年版。

在我国科技政策的运行过程中，还是存在着"科技政策倾斜导致垄断，政策不公造成效率低下"等现象，这就迫切要求科技政策主体在科技政策运行过程中，秉持"公正"的伦理价值取向，平等对待科技政策实施对象并公平分配科技政策带来的各种利益，保证科技政策运行的顺畅并获得多方面群体的认同支持，真正地使科技政策保障安全，促进社会和谐发展。

3. 科技政策评估过程中，坚持诚实和负责任原则

科技政策评估就是科技政策主体按照一定的标准，对科技政策制定及运行的效果进行的一种综合性判断。健全、合理、完善的科技政策评估对科技政策的制定和运行起到至关重要的作用，利于科技政策的规划和实施。当前，我国的科技政策评估一般采用效率、效果和效应等标准，推动了科技政策的完善和发展。但是，科技政策评估过程中也存在诸多问题，比如评估主体不明确、评估标准不合理、相关信息不够透明、政策依据不够客观等，严重影响了科技政策制定和运行的效果。[1] 因此，作为科技政策主体的工程技术人员在科技政策评估过程中，不仅应坚持客观的科学规范等标准，更应该坚持公平、正义等伦理价值精神。这些价值标准应该成为科技政策主体在科技评估中的基本道德要求，其中诚实和负责任应该成为基本道德标准。

"诚实"作为基本的道德原则，意味着在科技政策评估过程中要求科技政策主体客观、公开、透明。这也就要求科技政策主体在科技政策相关信息透明度方面，不能说谎或蓄意欺骗，更不能抑制相关信息。科技政策的工程技术人员还要努力获得相关事实，进行充分的调查研究，对科技政策信息进行全面收集、整理、保存和完善的科学分析，使相关科技信息更加透明、公开，使科技政策的对象都能够充分获知相关科技信息，了解科技发生的种种作用，避免科技政策的封闭性和神秘性，还需要邀请大众传媒介入，形成"鱼缸效应"，[2] 进而更好地保证科技政策评估的客观公正。

科技政策主体强化责任意识、明确责任，也已成为科技政策评估过程

① 李洁：《我国公共科技政策制定及其评估体系的建立研究》，燕山大学出版社 2008 年版，第 56—72 页。

② 王建容：《我国公共政策评估存在的问题及改进》，《行政论坛》2006 年第 2 期。

中的基本道德要求。现代科技的发展，使科技后果无限放大，并且潜伏期增长至几十年甚至几百年，促使科技政策的风险评估变得更加困难，也使得风险后果更加严重深远。作为科技政策主体的科技人员对这些未曾预料的"副作用"负有长期责任。这种现代科技带来的新的责任形式可能在实践操作层面变得尤其困难。正如哲学家汉斯·昆对德裔美国哲学家汉斯·约纳斯的主张所赞赏的那样："汉斯·约纳斯在他的杰作《责任之原理》（1984）中，着眼于整个人类生存的危险，向我们展示，在这个以划时代性的方式改变着的世界形势中，我们所面临的是一个真正的全球责任的问题。这个问题扩展到整个生物、地质、水和大气的领域：它是一个对围绕着我们的世界、环境和子孙后代的责任的问题，它关系到整个人类的前途和命运。"① 这就要求作为科技政策主体的工程技术人员能够从根本上认识到这种责任的正当性、全面性和长远性，强化伦理意识，转换伦理思维范式，使之由近距离思维转向远距离思维、由个体性思维转向整体性思维、由追溯性思维转向前瞻性思维、由过失性思维转向关护性思维，明确伦理责任。当然，工程技术人员还需要充分应用自己的知识和技能，积极履行职业责任"善举"（goodworks），并努力承担"风险责任"。同时，在进行科技政策评估时也进行伦理评估，制定规范完整、普遍适用的伦理评估标准和模式，避免科技政策评估的单一性、功利性等弊端，使科技政策评估既符合一定的效应、效果标准，也符合人性基本需要，以推进人类的长远发展。

三　在工程设计阶段，科技政策主体须坚持生态保护原则

随着现代科技的快速发展，科学、技术、工程之间全方位一体化方式的大科学工程开始出现。现代科技政策在实践实施过程中，大科学工程成为典范。② 在这些大科学工程活动中，工程设计无疑成为最为重要的环节之一。作为工程活动的第一个阶段，诸多问题也是从这一环节产生的。比如，今天工程造成的环境问题突出，就是因为许多工程技术人员在工程设

---

① Hans Kung, *A Global Ethic for Global Politics and Economics*, New York, Oxford: Oxford University Press, 1998, p. 246.

② 大科学工程相关内容详见李建明、曾华锋《大科学工程的语义结构分析》，《科学学研究》2011年第11期。

计环节忽视工程环境影响，在伦理思想层面漠视环境问题。"好"的设计已成为"好"的工程的前提和基础，"坏"的设计则在设计阶段为工程埋下许多"隐患"，而这些"隐患"随时可能使"好"的工程变"坏"。工程产品不仅应该能够满足人类的需要，合乎人性的需要，而且还应该在改造自然的过程中，减少对自然环境产生的负面影响。这就要求工程技术人员重视工程设计问题，特别是工程设计可能产生的环境影响。世界工程组织联合会（WFEO）工程伦理规范中第Ⅲ章"环境伦理"部分要求工程师应该"评估在涉及的生态系统的结构、动力和审美、都市化或自然的，以及在相关的社会—经济系统所带来的所有影响，并且选择最好的发展路径，既是环境合理的也是可持续的"等内容。[①] 这些规定明确要求工程技术人员保护环境，特别是超越人类的利益而延伸到整个生态系统来保护环境。

德国著名伦理学家伦克指出："我们不仅有消极的责任把健康和良好的生活环境留给后代，而且也更有积极的责任和义务避免致命的毒害，损耗和环境破坏，而为人类的将来生存创造一种有价值的人类生活环境。"[②] 这也要求从根本上转变工程技术人员的人类中心主义观念，充分认识到人类作为自然界的一部分，在改变自然的同时，也更应该尊重自然、平等地对待自然并尊重其他生物；人与自然是相互依存关系，人类的生存离不开自然，人类的发展更离不开人与自然的和谐相处。

在工程设计过程中，工程技术人员在转变观念的同时，更应该坚持"生态性"保护原则和"绿色设计"原则，保护生态环境，保护人类历史文化的传承；充分利用"循环设计"和"组合设计"等方法，充分考虑产品零部件及材料回收的可能性、回收价值的大小、回收处理方法、回收处理结构工艺性等与回收有关的一系列问题，以达到零部件及材料资源和能源的充分有效利用、环境污染最小。同时，在工程设计环节坚持进行环境影响评估等活动，促使普通公众参与设计，公众不再是设计过程的外人、被动的消费者，而是积极的参与者，参与性设计（participatory design，PD）成为工程设计的必要环节。[③] 协调机制或机构来促使国家政

---

① http：//www. wfeo – comtech. org/wfeo/WFEOModelCodeOfEthics0109. html.

② http：//scholar. lib. vt. edu/ejournals/SPT/v3_ n4/lenk. html.

③ Schuler D. , Namioka A. , eds. , *Participatory Design：Principles and Practices*, New Jersey：Lawrence Erlbaum Associates Inc Publishers 1993, p. xi.

府、企业公司、民间环保组织以及公众参与到环境保护中来，积极地促进环境保护运动。

总之，在现代科技政策的推进过程中，工程技术人员应充分认识并理解工程伦理，明确道德责任，努力在科技政策制定中坚持平等和知情同意原则，在科技政策运行中坚持安全和公正原则，在科技政策评估中坚持诚实和负责任原则，促进科技政策更加合理规范科学。同时，在工程设计中，也能够坚持生态保护原则，努力承担环境保护责任，积极推进人与自然和谐发展。

第三节   以职业为棱镜研究技术[*]

工程伦理学作为技术伦理和职业伦理的一个分支学科，聚焦于研究以一定方法开发技术的某些人员如工程师，而不是研究程序、产品或系统的开发。工程伦理学提供一种方法把工程师与诸如电工、遗传学者、工业设计师、药剂师以及统计员等技术人员区分开来。它也表明，回答这些问题应该能够帮助社会科学家、哲学家等研究者不仅能够更好地理解工程在技术中的地位，而且也能促进理解那些对技术伦理做出特殊贡献的职业。

虽然存在许多技术性职业，但本书将重点研究工程职业。其中有两方面原因：第一，工程是笔者最了解的技术职业。第二，更为重要的是，工程似乎是最为优秀的技术职业，不仅因为它是最为古老、最大的技术性职业，而且当某人一说起"技术专家"时，我们第一反应似乎就是这个职业。即使那些对工程知之甚少的人，也会多少了解一些技术。

一   职业和一些相关概念

就"职业"而言，笔者是指一些拥有相同工作的个体自主地组织起来，除了符合法律制度、市场规则、道德规范以及其他公众要求外，以一种合乎道德的方式，通过公开声明服务于一定的道德理想来获得生计的行为。这一定义以一种重要的方法区别于社会科学家们使用的典型"职业"概念。不仅如此，它并不是仅仅列举一些事实如高收入、社会地位、先进

＊ 本文原载《自然辩证法通讯》2016 年第 4 期。

教育、认证制度等。它也不是对人们称呼的"职业者"纯粹观察的结果；相反，这一定义是与职业人士讨论的结果——他们把自己描述为职业的一员。从严格意义上看，这一定义并不仅仅局限于"大部分职业""大部分先进的职业"或"理想的职业"，而是对于所有的职业来说都是真实的。由于笔者在其他地方已经详细阐释了这一定义①，这里将简要地指出该定义与研究技术伦理相关的七个方面特征。

第一，该定义区分了纯粹的专家和职业者。一个职业者是一个职业的一员。一般来说，在一个领域仅有少数人员属于专家，当然有时也会有很多专家，但是一个职业不能仅仅只有一个成员，这也正如一支军队不能只有一个士兵一样。一个职业常常有许多成员，一般来说也有几千人不等。

第二，该定义区分了职业和纯粹的工作。工作是一些独立的个体通过进行相同的活动而进行谋生的手段。一项工作仅仅是一些个体的集合，比如搬运工人或销售人员。而一个职业则是有组织的，其成员除了要遵守法律制度、市场规律、道德规范，以及必要的公众价值之外，也要通过维持技能的共同标准和行为标准而谋取生计。因此，作为一个职业成员，不仅要进行一定的专业训练，而且还需拥有一定的社会价值。一种职业拥有一个共同的职业规则，不仅在于各个活动由于相似而拥有共同的特征，而在于他们通过一种合作的方式来共同推进。职业成员在工作中彼此依赖，以相互认同的方式行事，并且避免去做他们都不认同的事情。可见，职业是一种协作的实践活动。

研究职业的一个重要问题是如何获得这种协作。很明显，这一协作包括诸多因素，如必须进入合适的职业学校学习基础学科并进行训练。而在学生离开学校并"进入职业"之后，对这些要素的要求似乎变得更加明确。许多职业，包括工程职业，似乎都认为成员从职业学校毕业并进行多年的实践活动之后才能真正充分地理解职业。很长时间内，他们一直处于"持续实践"之中。因此，我们能够从职业的课程中了解很多职业信息，但通常情况下，更多地认识都来自于作为一个职业者的早期工作经历。

第三，职业本质上是价值负载的。技术是否价值中立也许是一个开放的问题，但是一个技术性职业不能把技术仅仅当作一个中性的事情。例

---

① Davis, M., Is Engineering a Profession Everywhere? *Philosophia*, 2009 (37): 211-225.

如，一个工程师怀疑他正在做的产品是否能够改善人类的物质条件，他作为工程师，就有理由考虑停止他在这个产品方面的工作。就像其他职业一样，工程职业也有其自我追求的道德理想。道德理想是所有理性的人在理性基础上，把他们终生愿意追求的内容如平等、互助或最起码的不干预都当作目标去奋斗。诸如公共健康、真、善、美等都属于这类理想。工程的道德理想是改善人类生存的物质条件。严格意义上说，如果没有达到这种改善，就不是真正意义上的工程，或者说不是"好的工程"。

但是，相反地，一项致力于职业道德理想的活动并不能保证该项活动属于这一职业行为。比如，一项改善人类物质条件的发明并不意味着这个发明就是工程、或者说好的工程。发明必须通过设计、测试等阶段，工程师也应该根据工程标准做类似的设计和测试。因此，职业是指制定一种职业规则并通过特定的方法来实现特定的目标，而不是仅仅指实现目标的行为。

第四，该定义把伦理作为职业的一个必要特征。当然，这里所说的"伦理"不是纯粹日常所用的道德，例如不欺骗、守诺或"帮助困难人士"等一般行为标准，也不是指哲学上的伦理学。相反，我所谓的"伦理"是指仅仅适用于一个群体成员的道德允许的行为标准，例如建筑伦理只适用于建筑师、计算机伦理仅仅适用于使用计算机的人，等等。在这个意义上，职业伦理包括道德允许的标准，即群体中的所有人基于理性都希望群体中的其他人也遵守这一标准。

这些特殊标准是如何变得具有道德约束力的呢？这是职业哲学中一个重要的问题。我对这一问题的回答是：标准是有道德约束的，因为作为一个职业的参加者来说，它是以一种自愿的、道德允许的、协作的实践活动；破坏了标准也就是破坏了道德规范中的"不准欺骗"原则。①其他的回答包括：a）职业标准对职业成员具有道德约束，因为职业与社会形成一个契约，通过道德义务而获得认证、高社会地位等；b）标准具有道德约束是因为他们是日常道德的纯粹的具体化应用——例如把"不伤害"应用到具有特殊权力的工程师身上；以及c）标准具有道德

---

① Davis, M., Thinking like an Engineer: The Place of a Code of Ethics in the Practice of a Profession, *Philosophy and Public Affairs*, 1991 (20): 150 - 167.

约束是因为社会已经限定了职业角色，如根据职业标准而进行活动的道德义务。

如果赋予"伦理"特殊的标准，职业的技术标准也是伦理标准的一部分，职业成员在最理性的情况下促使所有其他成员遵守。当然，尽管这些都依赖于理性的分析，但是这些共同的标准实际上也是一个经验问题。

第五，虽然职业也进行商业活动，但是，职业并不是商业、也并非仅仅局限于商业活动。就"商业"而言，我是指无论是个体、集体或企业的任何活动都是为获得"利益"的行为。商业获利主要来自于购买、销售或物品交换或服务等活动，而不是来自于礼品、收入、偷盗或其他非营利活动。① 虽然通常来说，职业者从事他们的职业而进行谋生，但职业成员却意味着他们拥有致力于职业道德理想的目的，而不是仅仅为了谋生。即使职业者努力追求不能带来利益，他们也不会放弃这一理想。因此，一些职业也常常从事一些无偿的公益性活动。

第六，该定义并不要求被称为"职业"的职业就是一个职业，它仅仅要求一项工作通过特定的方式组织起来。这一点很重要，因为"职业"的这一意义似乎是相对较新的概念，并且依然较大部分局限于英语国家。在许多其他语言中，"职业"只不过是"工作"的一个同义词。

在英语语系以外国家关于职业的文献中，甚至术语"职业"本身，似乎都在遭受着因表达特定概念和概念本身之间的差异而带来的困扰。但是，就像即使我们没有一个术语来表达青色，也能区分蓝与青；即使没有一个术语来表达特定类型的组织，我们也能够通过一定的方式对其进行表述。例如在中国，无论工程是否是一个职业，都不能仅仅按照汉语词典中关于"职业"的词条或者通过追问中国的工程师"在中国工程是一个职业吗"的问题来回答。相反，一个研究者必须问下列避免使用术语"职业"的问题：

· 你认为自己是一名工程师吗？

· 你为什么认定自己是一名工程师？

· 你遵守工程师都共同遵守的技术标准吗？为什么？

---

① Davis, M., Is Engineering Ethics Just Business Ethics, *International Journal of Applied Philosophy*, 1994（8）：1-7.

·你是否关心那些自称是工程师的人是否遵守这些技术标准？为什么？

·你认为，其他自称是工程师的人是否会关注你遵守这些标准？为什么？

·如果是的话，你对那些自称是工程师的人有何期望？又不希望他们做什么？

这些问题及其他一些可能问到的问题，重点在于激发被访问者对建立在职业道德理想之上组织的认同感。

第七，由于职业的这一定义并不对职业进行任何有关的制度要求，比如注册、教育项目认证、职业协会，或形成一个正式的伦理规范，所以哈里斯（Harris）等人①提出的"职业化"概念是一个西方语境下的观点，它遗漏了许多重要的方面，因此不能被普遍地采用。"职业化"，简单来说，是指职业成员按照职业应有的方式行事。虽然"职业化"可能是一个西方观点，而"职业"概念的西方起源并不意味着它不能被应用到世界各地。正如纸币起源于中国，现在却在世界范围内通用。实际上，哈里斯等人可能认识到他们观点的缺点，所以他们寻求一些证据来证明其观点。例如，阿斯达（Iseda）②的日本研究是一种以表扬为基础的工程伦理教学方法。哈里斯等人没有注意到其论证中的两个困境：第一，阿斯达声称日本需要一个以表扬为基础的方法是因为对职业的误解，认为日本依然缺乏一个工程职业。这里阿斯达假定职业必须要有认证、高收入、注册、荣誉等。哈里斯等人③认可这一职业定义，但却没有了解这一假定。第二，阿斯达建议改进工程伦理教学，将其作为一种有吸引力的方法让学生引以为豪，这似乎假定了工程学生已把他们自己当作一个工程师群体的一员，并以特定方式服务于一定的道德理想——作为工程师，他们会为他们从事的工作而感到自豪。实际上，阿斯达假定日本工程学生已把工程理解

---

① Harris, C. E. et al., *Engineering Ethics*: *Concepts and Cases*, Boston: Wadsworth Publishing, 2014, pp. 189 – 190.

② Iseda, T., How Should We Foster the Professional Integrity of Engineers in Japan? A Pride - Based Approach, *Science and Engineering Ethics*, 2008 (14): 165 – 176.

③ Harris, C. E. et al., *Engineering Ethics*: *Concepts and Cases*, Boston: Wadsworth Publishing, 2014, pp. 13 – 14.

为一个职业。即使日本或世界其他各地教授工程伦理学都可能有好的建议，但把他的论证作为证据，恰恰反对普遍应用社会契约来解释职业义务。因此恰好证明了"职业化"概念能够被广泛地应用。

二　职业与技术伦理的关系

在这样一种界定下，"职业"与技术伦理之间关系到底是什么呢？这里所谓的"技术"，是指各种系统性安排，如人们构思、开发、制造和维护、使用，以及对人工制品的处理等。笔者把这一概念当作是在当前研究技术的哲学家和社会科学家中形成的"技术"共识。

许多进行构思、开发、制造、维护、使用，以及处理人工制品的人都隶属于一个或另一个职业。他们是保险精算师、生物学家、计算机科学家、牙科医生，等等。因此，根据他们的职业规则工作，他们通常会赋予其工作一定的技术特征，这是其他职业所不具备的。所以，例如工程师在设计人工制品时常常坚持一个具体的"安全要素"，而这一安全要素不同于建筑师、植物学家、物理学家，以及其他职业人士使用的安全概念。工程师把他们的安全因素当作重要内容，主要原因是来自于其他工程师对人工制品的操作经验[1][2]，不是直接来自于生物学、化学以及任何其他自然科学，也不是来自于法律、市场、道德以及公众观点。

由于职业标准很大程度上是历史的产物，不是自然或社会科学的结果，因此一个职业的历史很大程度上也是它的规范标准的历史，即主要描述了职业标准如何改变，包括一些存在缺陷的特殊标准和由于失败而进行改进的标准等。职业也并不比一个人类个体更加永恒的抽象。每一职业都有它自己的传记。职业课程标准也是这一传记的重要组成部分，实际上，常常是决定性的部分。

就这些概念而言，我们认为术语"技术伦理"是含糊不清的。虽然技术伦理有时仅仅是指把日常道德标准应用到人类参与的技术活动之中，但是其对于那些参与技术活动的人群也赋予了特殊的道德要求。比

---

① Vincenti, W. G., *What Engineers Know and How They Know It: Analytical Studies from Aeronautical History*, Baltimore: Johns Hopkins University Press, 1990.

② Wells, P., H. Jones and M. Davis, *Conflict of Interest in Engineering*, Dubuque: Kendall/Hunt Publishing Company, 1986.

如，工程职业，就是从伦理学角度去理解这一群体如何处理技术人工物，或者是努力去理解技术如何能够成为一种道德意义上的善。同时，技术的相关活动最起码也是一种道德上允许的行为。技术作为与人类相关的活动，其意义通常是含蓄而不明确的，而伦理研究至少是其中一种意义。

三　研究技术的优势

通过职业棱镜来审视技术最起码有四方面优势。第一个优势，对于个体职业者来说，关于技术，他们能够提出一些开放性的问题，而其他人却不能。这些问题不仅包括技术能够带来什么价值，也包括需要什么样特别的知识、方法或技能等。例如，本杰明·莱特（Benjamin Wright），仅仅受过小学教育而自学成才的测量员，1817—1828 年担任"伊利运河的首席工程师"。他借助在荒地上的推理方法来学习测量。当他在指导修建运河时，虽然无疑发挥着一个工程师的作用，但实际上他仅仅能够算是一个伟大的建造者而不是一个工程师①。19 世纪还有许多其他重要的非工程师建造者。直到 19 世纪晚期，严格意义上的工程师才真正开始指导大型建筑项目。今天，像伊利运河这样的大型项目，在每一阶段如果没有工程师的参与是不可能完成的。

从严格意义上说，为什么笔者并不认为莱特是一位工程师呢？第一，他的受教育情况。他不仅没有受到过今天一个现代工程师所应该接受的技术教育，甚至都没有获得过他那个时代作为工程师在诸如巴黎综合理工学院或西点军校所进行的高等技术教育。第二，他之所以已经是伊利运河首席工程师而不被认为是工程师，是因为他从来没有像一个工程师那样工作过。修建运河，即使像伊利运河这么大的规模，也只需要简单的技术，在几千年前许多不同的国家的运河修造已经在运用类似的技术了。任何会测量的人都能设计运河。挖掘沟渠、稳固堤墙、河底防渗，大部分建造者都能够处理这些工作。如果伊利运河需要船闸，他们的设计和安置依然是相对简单的。一些事情、一个聪明想法都能够从古书和一些经验中推理出

① Weingardt, Richard, *Engineering Legends: Great American Civil Engineers*, Reston: ASCE, 2005, pp. 5 – 9.

来。修建伊利运河的困难之处在于涉及政治因素，如需要超过十年以上的资金，以及后勤问题——因为那时的纽约州北部依然是丛木乱生的荒野，需要处理好大量劳动力的饮食、住宿和工作问题。

一旦我们认为并不是所有的建造者，甚至所有的伟大工作的成功建造者都是工程师时，我们就能够追问工程师——他们独特的计划、测试和文件编制等方法到底是什么——为什么他们能够修建一条运河而其他技术专家不行呢？然后，由于铁路似乎是作为第一个像今天的美国一样吸收了许多工程师的民用技术，我们也许会研究铁路工程师。如果不集中研究工程职业以及它的规则，我们可能仅仅聚焦于工程师的设计、监督、建造等职能，而不能区分技术史和工程史。由于行使着今天工程师扮演的角色和职能，每一位技术专家或者最起码成功的技术专家，不论他受到什么专业训练、距今多么久远，应该都是一位工程师。甚至布罗德盖石圈或纽格莱奇墓的建造者都是工程师。那么，许多有趣的研究问题，例如这些技术职业之间到底有什么区别便无从谈起，这会让技术研究更加贫瘠和乏味。

第二个优势在于，通过职业棱镜来研究技术，可以把调查方法用于研究一定技术活动的命名上。例如，许多活动现在被称之为"结构"，如计算机构、虚拟结构、景观结构等，或"外科术"，如树木外科手术、外科手术式打击、宠物外科术等。这些活动中，哪些是真正属于它的名字所代表的职业呢？哪些仅仅是相似而已呢？以及哪些是纯粹地隐喻呢？如果可能的话，那么一个类比的或隐喻名字的目的是什么呢？这一目的是合法的吗？只要研究者能够把严格意义上的职业与仅仅是以职业命名而不属于严格意义上职业进行区分？那么这些问题都是开放的。

笔者认为这一研究是可行的，因为工程似乎特别符合我上面所说的有些活动仅仅是以工程命名而并不是严格意义上的工程。它们中的一些活动也仅仅是历史性偶然的事件。例如，今天我们称为铁路机车的驾驶员名称是"工程师"，仅仅是因为很久以前，特别在没有严格意义上的工程师之前，任何控制"机车"的人也许都被称为"机械师"或"工程师"。也许莱特的名头"首席工程师"，仅仅是他那个时代所赋予的古老意义，也许他被称为"工作负责人"或"主要建造者"更为合适。虽然许多这样的事情不是有意为之，但是也并不存在多少合理的理由。例如，"软件工程师"，虽然不是严格意义上的工程师，但是却有意把他们的新职业与工程更紧密地类比起来。这一事情主要是这种相似之处。① 但是，有些事情常常似乎也仅仅是一种努力使用工程荣誉而并没有赋予以工程含义，如"社会工程""重建工程""金融工程""基因工程"等。② 所有这些活动都是由于工程师和他们典型方法的缺失造成的。从研究这种修辞学的错误挪用，我们能够理解技术伦理研究更多的内涵。当且仅当研究者有方法把职业一词的合理使用与乱用区分开来，这一研究才是开放的。职业棱镜恰恰能够提供这一方法。

第三个优势是我们能够审视绝大多数大型技术组织以及许多小型的组织中的职业，这些职业不仅包括会计师、工程师和律师，还包括植物学家、化学家、计算机科学家、图书管理员、数学家、专业作家，等等。当我们追问每一种职业如何推进组织的总体工作时，答案常常是不明确的。例如，当我访问阿尔贡国立实验室时，我发现和我交流的一半科学家都是工程师。即使他们的职称是其他的名称，他们依然自我认定是工程师。他们的报告内容也是相当多样，以至于我不能把他们作为一种职业分工来看待。所以，我最后追问，如果科学和工程存在独特的贡献，那么工程的贡献与科学到底有什么区别？这一问题也能进一步明确地追问，在同一实验室中，一个研究者是否能够对工程师和科学实验中与其他人进行区别？同样的问题也能够追问其他组织如波音公司以及环境保护部门的其他工程师。

实际上，我会建议技术伦理应该加强研究产品的概念、开发、制造、维护、使用以及处理等相关的技术角色，特别当这些角色与他们的义务不相符而又必须执行工作时更值得研究。在技术性的职业中，这些积极的角色冲突作为一个研究主题，虽然是充满兴趣的，但是大部分问题还没有得到充分的探索。

第四个优势在于工程伦理教学最近被批评为过度个体主义（"微观—

---

① Davis, M., *Code Writing*: *How Software Engineering Became a Profession*, http: //ethics. iit. edu/sea/sea. php/9.

② Hansson, Sven - Ove, A Note on Social Engineering and the Public Perception of Technology, *Technology in Society*, 2006 (28): 389 - 392.

伦理学"）而没有过多关注社会伦理（"宏观伦理学"）①②。这一批评不仅建立在对于职业伦理的错误认识上，而且是 STS 研究者把世界分为个体和普遍社会的长期倾向上。这一区分忽略了现在常常被称之为"民间协会"，即在个体和大社会之间自发形成的组织。民间协会包括商业公司、俱乐部、贸易组织、诸如绿色和平组织或电器和电子工程师协会（IEEE）的非政府组织、宗教组织，以及——对于我们的目的来说最为重要的——职业组织。因此，我认为没有任何理由能够阻止 STS 研究者去研究技术中民间协会的角色问题。但是，民间协会毕竟是社会学家长期研究的一个主题而不是 STS 的兴趣。③

由于聚焦于个体而不是相关职业，微观伦理学的一个劣势在于它把职业伦理转化为把个体道德应用于工作中产生的问题。但是，宏观伦理学在研究技术时也存在一个相应的劣势。由于它过度关注"社会"而不是相关职业，它把每一个涉及技术伦理的问题转化为一个社会政策或政治理论问题，也就是说，转化成了社会应该做什么的问题。相关职业成员也被降低为说客、个体专家或纯粹被告知的公众。

微观伦理学和宏观伦理学都遗漏了重要的领域，把职业引入技术伦理之中。一个职业成员作为纯粹个体并不能进行其职业实践。在一个职业者境域中，一个职业人士常常以职业成员的身份行事，这时他不再是纯粹的个体，他不仅有作为一个职业成员的义务，而且拥有特殊的权利。在这些特殊的权利之中，就是要有能力去帮助发展新的职业标准，而这一标准与个体选择和社会政策并不相干。这些新标准的许多内容都出现在一个职业正式的伦理规范中。例如，在最近工程伦理规范的一些变革，就是增加了"可持续发展"内容，作为相关因素促进做出好的工程决策。但是，大部分新标准隐藏在"技术标准"的数千个变革细节之中，比如每年被美国机械工程师协会或电子电器工程师协会采用的条款。在工程实践中，它自身也在改善方法。一旦我们超越微观和宏观伦理学，我们能够清楚地认识

———

①　Herkert, J. R., Ways of Thinking about and Teaching Ethical Problem Solving: Microethics and Macroethics in Engineering, *Science and Engineering Ethics*, 2005 (11): 373 – 385.

②　Son, W. C., Philosophy of Technology and Macro – ethics in Engineering, *Science and Engineering Ethics*, 2008 (14): 405 – 415.

③　Bush, L., *Standards*: *Recipes for Reality*, Cambridge: MIT Press, 2011.

到，应该聚焦于职业，从而使一种类型的"中观伦理学"成为可能。①

四　使用职业棱镜的建议

现在，职业棱镜是什么以及为什么它能被用来研究技术特别是技术伦理，应该是很明确的，也应该能发现这一棱镜的有用之处。如果是这样的话，那么是时候对如何使用棱镜来研究技术伦理提出一些建议了。本书提出的建议并不能组成一个全方位的手册，而纯粹只是七条"有帮助的提示"，以避免我们曾经见到研究者可能犯的错误。虽然笔者认为今天的研究者并不可能犯下像十年前的研究者所犯的错误，但是笔者认为就每一个提示而言，由于它是"太明显了不值得提醒"而容易被忽略。

每一种提示都作为一种方法，以避免在工程研究中出现某种类型的错误。虽然有时笔者也怀疑与其他技术职业研究相比是否永远都是清晰的，但在这里笔者将不再做讨论。还有许多其他职业，笔者需要将他们留给那些对他们有更好了解的人来做出相应的类比。

（一）不能仅仅通过观察工程师来研究他们在技术中的角色，也就是，不能像研究蜜蜂或水牛一样的方法来研究工程师。正如所有的人类活动一样，工程也有"内""外"之分。工程中的许多差别是"内在"于个体工程师自身的。访问工程师，追问他们这么做的理由，应该是进行每个工程研究计划的一个组成部分。工程师提供的理由能够改变我们对他们所做事情的解释。例如，尽管你可能把工程师在会议中的沉默最初解释为证据指出他们同意在会议上所做出的决策，但是通过对工程师的采访，可能揭示出他们保持沉默是因为他们已经表达了他们的反对理由但是也都被驳回了。他们保持沉默仅仅是因为他们相信重复反对意见无异于浪费每个人的时间。在会议上做出的决策不应该被视为工程师所表达的价值观。

（二）不能纯粹通过研究人工制品来研究工程师的角色。不同的职业规则可能生产相似的产品。内在于人工制品中的价值也许是，或也许不是工程师在人工制品构思、设计、开发等活动中所赋予的价值。有时由于工程师失误而在人工制品中并没有表达出他们的价值。有时由于决策来自于

---

① Davis, M., Engineers and Sustainability: an Inquiry into the Elusive Distinction between Macro – Micro – and Meso – Ethics, *Journal of Applied Ethics and Philosophy*, 2010（2）: 12 – 20.

"管理"或法律要求，也使他们没有表达他们的价值。也许，最常见的是工程师彼此之间，或职业之间没有协调好，或由于有工程师不认同这一改变而造成决策延迟，从而导致工程师的价值没有得以体现。为了研究技术中工程师的角色，我们必须具体研究与工程师相关的行为和观点，以及这些行为或观点背后的思考。[1]

（三）不能依据机构头衔或作用大小来对工程师做出评判。一般来说，根据他们的教育和经验而不管他们的头衔是什么来判定是否是工程师。如果他们如工程师一样受到训练、并且长期地像工程师一样工作，那么他们应当被称为工程师。然而，这里有三个方面的例外不应该被忽略。

第一，即使有些"工程师"已经获得合适的学位、拥有一定的经验，也有工作头衔并声称自己是工程师，但是其他工程师却认为他依然不能胜任工程师。这些人应该被单独进行研究——正如我们把收音机分割开来进行研究以了解收音机是如何工作的。不能胜任的情况告诉我们，在什么是掌握职业规则方面存在较大争议。这种情况可类似地用于分析那些虽有能力但不道德的工程师。

第二，有些工程师虽然没有获得一个工程学位，但是他们却在进行化学、数学、物理学、技术管理等工作，或如同那些声称是工程师的人一样工作，因为他们长期在工程师身边工作以至于他们已经充分理解了职业规则。如果与他们合作的工程师认为他们是有效率的工程师，那么他们是"被聘用的工程师"并且也应该被当作工程师。

第三，有些"工程师"，虽然接受了工程师般的教育并且也如工程师一样工作，但是他们并不认为自己是工程职业成员，相反只认为自己是有一定技术的纯粹雇员——或其他职业成员。通过主要和美国工程师的交流，我认为像这样的工程师是非常少的。事实上，我确实还遇到过一位这样的工程师，他是一所规模较大的大学电子工程系的成员，他认为他自己"更是物理学家而不是工程师"。但是许多研究者，特别是那些在法国或日本研究工程师的学者会有不同的感受。[2] 由于这一原因，我认为在与某

---

① Vaughan, D., *The Challenger Launch Decision*, Chicago: University of Chicago Press, 1996.

② Didier, C., Engineering ethics in France, A Historical Perspective, *Technology in Society*, 1999 (21): 471 – 486.

些所谓的工程师交谈过程中，尽早地追问"你是一个工程师吗？"和"为什么你这样回答？"等问题是值得的。① 在有些国家，许多"工程师"认为"工程师"不过是一种工作的称谓而已，这作为证据也表明这个国家还没有这样一个职业。然而，上述证据并不是决定性的。受到质疑的工程师也必须应该对其他"工程师"是否坚持工程标准保持中立态度。如果他们明白自己与其他工程师的合作关系，那么他们就可以理解自己的行为方式，并与工程职业成员相一致的方式行事。

（四）我们应该不仅要采访工程师了解他们做什么，而且还要让工程师相互评价，并让与他们合作的其他职业成员也参加评判。一部分职业成员希望那些工程师把他们自己当作职业成员的人员具有一定的能力并能按照一定的方法采取行动。也有一部分职业成员正逐渐认识到其他人明显地缺乏这些能力，并以不同的方法活动。因此，例如，在考量设计中的安全因素时，当怀疑一个计算机科学家或一个普通管理者是否应该进行同样的处理，一个工程师可能会说，"配得上他收入的任何工程师"都应该如此这般。

（五）不应该把工程伦理研究仅仅局限于工程伦理规范所规定的范围之内。对于一个职业来说，它并不必然需要一个正式的伦理规范。它仅仅需要符合所界定道德的技术标准。正式的伦理规范可以被认为是职业伦理标准的最常见部分，便利之处在于即使这一规范不发挥什么作用，也依然是一个职业。甚至即使有一部伦理规范，而在工程职业中，却很少有职业成员真正利用它或把它当作职业的一部分。在这种情况下，对于一个职业来说，一个严重的问题在于其成员是否都相互根据规范中的标准而行事——或者，最基本，正如规范所表明的那样，职业成员也希望其他职业成员遵守标准。

（六）我们不能假定不同国家的职业之间存在任何差异，就表明工程师缺少一个共同的职业标准。对于哲学家或社会科学家而言，发现一个重要的差异是不够的。这种不同应该是工程师自己认为其足够明显将两者区分开来，例如，另一国家的工程师工作不可靠。为了获取这些信息，研究

---

① Davis, M., Better Communications Between Engineers and Managers: Some Ways to Prevent Ethically Hard Choices, *Science and Engineering Ethics*, 1997 (3): 171 - 213.

者必须询问工程师，关于一个国家工程师工程实践的方法与另一国家之间有何重要的差别。

（七）任何一位组织研究团队的社会科学家，在研究关于工程伦理或技术伦理问题时，都应该考虑其团队最起码包括一个哲学家和一个工程师。在一个研究团队中，一个哲学家从开始就能够帮助研究者界定他们的研究对象，以确保最终研究他们所要研究的对象，同时也能帮助研究者做其他有利的事情。[①] 有一位工程师的参与是好事，因为他不仅能够帮助社会科学家理解出现的工程问题，而且还能指出工程为什么不存在问题。工程师在涉及工程师以及那些与工程师合作人员的交流方面也有着深刻的洞察力。

第四节　美国工程职业的历史嬗变[*]

工程自古就有，但工程职业的产生与发展确是近代以来的事情。[②] 随着现代科学的兴起，科学与技术紧密结合，不仅造就大量的科学技术成就，而且逐渐形成以利用科学知识，应用科学知识而发明创造的人才，他们逐步形成了工程职业。美国著名工程伦理学家戴维斯（Michael Davis）指出职业具有六个方面特征：（1）职业不等同于专家；（2）职业与工作不同，职业是有组织的；（3）职业具有内在的价值负载；（4）职业有仅仅适用于成员所共同认可的道德标准；（5）职业不是仅仅谋利；（6）职业人员都认为自己是一个职业者。[③] 从戴维斯对职业的定义来看，职业主要强调四个方面特征，首先，职业是区别其他职业具有特定技能的专业人才，经过系统教育培训而成为专业性的技术性人才；其次，职业具有职业组织，成为职业发展的平台和基础；再次，职业具有职业道德规范，成为职业人员共同遵守的道德标准，成为职业发展的道德理想；最后，职业具有一定

---

① Davis, M., Professional Autonomy: A Framework for Empirical Research, *Business Ethics Quarterly*, 1996 (6): 441 – 460.

* 本文原载《自然辩证法研究》2016 年第 4 期。

② Carl Mitcham, A Historico – ethical Perspective on Engineering Education: from Use and Convenience to Policy Engagement, *Engineering Studies*, 2009 (1): 37.

③ Michael Davis, *Profession as Lens for Studying Technology*, Presented at Humanities Colloquium in IIT, September 11, 2015.

的技术规范和制度，职业准入制度和注册制度等成为职业人员准入的重要条件。按照这些特征和标准来看，职业化是近代以来的事情，工程师成为工程职业也是近代以来的事情。

美国工程职业从 19 世纪中期产生发展至今，经历了一百六十余年的发展，积累丰富的经验，大力地推进美国工程技术的创新和发展。我们在现代工程职业概念基础上，具体探讨美国工程职业的发展历程，揭示工程职业一百六十多年的发展特征，解读美国工程职业的历史经验，为推进我国工程职业化进程提供良好的经验借鉴，为促进我国工程技术发展和创新提供有益的制度参考。

一   工程职业的初步形成：工程协会的兴起与工程教育的推进

美国职业工程协会兴起于 19 世纪中期到晚期，1852 年美国土木工程师协会（the American Society of Civil Engineers，ASCE）在纽约宣布成立。① 在 ASCE 的影响和推动之下，美国各类工程组织纷纷产生，在相互合作和竞争中共同推进了职业发展。在工程职业组织发展过程中，始终面临着一个核心问题，也是困扰工程技术人员个体发展的共同问题，如何摆脱商业主义的影响而坚持独立的职业自治，工程师受雇于一定企业或公司或组织，是坚持职业技术标准，还是坚决服从雇主的要求，可能在工程实践活动中，两者会产生一定的冲突。但是，工程协会在处理工程职业自治和商业利益影响的平衡之中，呈现出两种截然相反的态度和立场，共同推动着工程职业组织向前发展。

美国土木工程师协会声明代表除了军事业务之外的所有美国工程师；坚持会员的高标准，坚持从非正式会员依次到会员、全职会员、优秀会员的职业者优秀等级制度，有效地使协会成为职业精英的团体，在职业工程师精英和其他所有人之间划分一个明确的界限。高标准的会员制度能够使精英掌控着协会，保护了职业协会的自治。另一方面，建立工程协会内部的评价标准，工程师职业的荣誉或荣耀不是取决于外部的商业或政府或公

---

① Sarah K. A., Pfatteicher, Depending on Character：ASCE Shapes its First Code of Ethics, *Journal of Professional Issues in Engineering Education and Practice*, January, 2003, pp. 21 – 31.

众，而是工程师内部的共同评价。同时，他们设定的一系列措施，如颁发协会奖章；召开协会会议，促进信息的交流与共享；普遍征求意见，逐步促进职业共同体精神的形成。

与 ASCE 形成鲜明的对比，1871 年建立的美国采矿工程师协会（the American Institute of Mining Engineers，AIME）却很少或根本不关注职业化。AIME 采用的会员标准是工业的而不是职业的，只要"实践上从事于采矿、冶金工程"的任何人都可成为会员。AIME 和 ASCE 都代表了在商业和职业之间的两种平衡状态。但是 AIME 过度偏向商业而远离了职业，而 ASCE 是如此排外以至于它不能满足工业社会中出现的工程专业发展的需求。随后，1880 年成立的美国机械工程师协会（the American Society of Mechanical Engineers，ASME）和 1884 年成立的美国电子工程师协会（the American Institute of Electrical Engineers，AIEE）尝试把 ASCE 的职业化与 AIME 的工业化业务结合起来。与此同时，在商业和职业自治方面，每一协会都有自己的独特的平衡，工程职业协会进一步分化，工程协会组织纷纷成立。比如，美国热能与供暖工程师协会（the American Heating and Ventilating Engineers）成立于 1894 年，美国铁路工程协会（the American Railway Engineering Association）成立于 1899 年，美国电气化学工程协会（the American Electrochemical Society）成立于 1902 年等，它们承担着各自的专业职能，推进了工程职业的快速发展。① 另一方面，工程职业又有走向统一化、合并化的趋势，表现在许多协会（ASME/AIEE 等）的努力，它们试图建立共同的图书馆和总部大楼，促进建立职业共同的标准和认证制度、伦理规范等，并尝试建立一个永久的委员会来协调工程职业发展问题，这都反映了工程职业试图走向自治、发展的要求。工程职业组织就是在这种合作与统一、分离与分散的两种态势中共同存在、互为张力，共同促进工程职业发展。

与此同时，这一时期学习科学知识成为工程科学化和工程职业化发展的基础。1895 年，ASCE 的一位主席指出，任何一个人只要有能力了解和操作一台机器也许会被称为一个机械工程师，但是只有在他理解机器背后

---

① Edwin T. Layton, *The Revolt of the Engineers: Social Responsibility and the American Engineering Profession*, the Press of Case Western Reserve University, 1971, pp. 28-45.

的原因后才能设计它或使用它达到一个新的目的……他才能被称为一个土木工程师。① 因此，设计能力是根植于深奥知识之中的。没有这一知识，工程师仅仅是一个工人而不是一个职业者。工程也被认为是"学习型职业"，需要在大学获得高质量教育，多年经验积累，以及这些知识的智力运用和训练。② 为了迅速地推进工程的科学化，学校教育成为最为重要手段之一，大部分理工类大学都是这一时期创立和发展的。比如，著名的三大理工学院，即麻省理工学院（Massachusetts Institute of Technology, MIT），创立于1861年，加州理工学院（The California Institute of Technology, CIT），创立于1891年，伊利诺伊理工学院（Illinois Institute of Technology, IIT），创立于1890年。工程技术类大学为这一时期工程师职业发展提供了良好的科学研究和技术训练的平台和基础。正如ASCE主席莫尔（Moore, R.）在20世纪工程师展望中指出，工程师进入工程学校学习，特别是学习新科学——过去半个世纪发展的一个突出的特征，并且在最近些年，已成为一种常见的现象。③ 他接着指出，工程师必须去学习基础机械、物理学，以及数学或测量科学等，也需要在人文知识的其他领域进行基础的训练。他认为，在学校学习和进行更广泛的训练仅仅是一个开始，还需要后学校时期在实际生活和工作中继续训练努力，这样他才能获得工程师的最终学位。

二　工程职业制度的基本确立：工程伦理规范和工程注册制度的建立

在20世纪初，小型的车间、作坊逐步消失，工程师逐渐受雇于中等规模的公司或大型公司，工程师的工作条件出现了非常大的变化，工程师在其中的作用和价值逐渐得到体现。但是，他们认为他们的权利和收入太低。因此，这些工程师在面对重新认识职业自治过程中团结起来，提出工程师具有特殊的能力去管理、操作并组建管理团队让工程师实质上完全掌

① George S. Morison, *Address at the Annual Convention*, Trans ASCE, XXXIII, January – June, 1895, p. 472.

② Carl Hering, *Ethics of the Electrical Engineer*, The Ethics of the Professions and of Business, 1922, pp. 86 – 89.

③ Moore, R., *The Engineer of the Twentieth Century*, Trans. ASCE, New York, 1902, pp. 227 – 234.

控着车间。他们批评了管理者介入了工程问题，并且在大型公司中为工程师寻求通过辛勤劳动而获得的一个自治机会，从而掀起了一场科学管理运动。① 同时，工程师协会成员的科学教育水平的提升和人数的急剧变化，促使他们更加关注职业自治，更多讨论工程伦理规范和认证制度等问题。1905 年，美国第一次超过半数的工程师都拥有学士学位。以 ASCE 为例，过去会员受过大学教育的人员往往不成比例，现在也变得是压倒性多数了。在 1902 年，ASCE 创立 50 周年，由于创始会员已经退休或去世，有必要由新一代的工程师来领导。② 这些变化要求工程师和工程师协会重新反思他们的社会目标和自治规则。对工程师的职业责任和职业自治的讨论从 20 世纪初一直持续到 30 年代③，促使美国工程职业协会逐步建立各个协会的工程伦理规范，以及相应的认证注册制度，工程职业化制度已基本完备。

随着工程职业化进程的推进，工程职业伦理规范在这一时期成为重要的发展内容，成为工程职业化发展的标志性成果。1911 年 5 月，美国顾问工程师协会（the American Institute of Consulting Engineers）成为美国第一个国家级工程师协会开始采用一部规范。美国电子工程师协会（AIEE）和化学工程师协会（the American Institute of Chemical Engineers，AICE）紧随其后，分别于 1912 年 3 月和 12 月采用了规范。美国机械工程师协会（the American Society of Mechanical Engineers，ASME）在 1914 年 6 月采用，ASCE 在 1914 年 9 月采用伦理规范。④ 其他职业协会也在同一时期采用了伦理规范。美国律师协会（The American Bar Association）是 1908 年，美国建筑师协会（the American Institute of Architects）是 1909 年，美国医学协会（the American Medical Association）在 1912 年修改了 19 世纪的规范。根据规范历史学家亨格斯

---

① Peter Meiksins, The "Revolt of the Engineers" Reconsidered, *Technology and Culture*, 1988 (2): 219 – 246.

② Bensel, J. A., (Presidential) Address at the 42d Annual Convention, Trans. ASCE, New York, 1910, 70, pp. 464 – 469.

③ 其后的讨论重新以工程伦理的议题在 20 世纪 50 年代、70 年代被给予了新的关注。

④ Wisley, W. H., The Influence of Engineering Societies on Professionalism and Ethics, *Ethics, professionalism and Maintaining Competence*, *Preprints for ASCE Professional Activities Committee Specialty Conf*, ASCE, New York, 1977, pp. 51 – 62.

（Hunter Hughes）的判断，在第一次世界大战前没有采用一部伦理规范的每一个职业或半职业，在战后也立即采用了。实际上，最起码有130个这样的团体，从裁缝到验光师再到畜产业者，在20世纪初到20年代末，都制定或修改了他们的伦理规范。① 在20世纪前三十年间，工程伦理规范成为各个工程师协会关注和讨论的重要内容，伦理规范也呈现出明确的公式性话题，常作为一种工具来提升职业发展和荣誉。但是，这一时期的伦理规范从具体内容上看，规范的内容不多，大部分都不到一页；结构相似，基本上是由几个条款组成；条款内容主要涉及忠诚于雇主，并协调好工程师与同事的关系。比如，强调'工程师的第一职业义务是应该关注保护客户的或雇主的利益'（引自AIEE的规范）或要求工程师仅仅是'作为一个忠诚的代理人或受托人'开展行动（ASCE的规范）。就具体内容而言，整个规范处理的主要是商业关系而不是工程科学。在工程实践中，也大大地削弱了规范的独立性。因此，忠诚于企业或雇主，受到商业利益影响成为这一时期伦理规范的主要特点。

　　工程注册制度在20世纪初，经历了一场重要的争论和斗争过程，大部分工程协会的工程注册制度基本建立起来。工程认证制度也是职业自我管理发展的重要产物。② 1907年3月，怀俄明州（Wyoming）州立法机关已经通过一部工程注册法律，"只要是能力不够的、不诚实的、放纵的、或吸食毒品等习惯的工程师，将不会给予认证"。指出"我们的法律不提供任何方法，去让那些能力不够的人能够继续参加工程实践"③。其后，ASCE负责人指出"关于立法管理土木工程实践的发展趋势"，决定如果州持续坚持推进认证立法工作，协会将更好地指导这些法律的内容④。正如主席本瑟尔（John Bensel）指出"这一立法应该由诸如我们自己的协会这些负责人来进行合适的修订。""如果我们自己不采取行动的话，很可能

---

① Hughes, H., The Search for a Single Code, *Consulting Eng.*, 15, July, 1960, pp. 112 - 121.

② Sarah K. A., Pfatteicher, Depending on Character: ASCE Shapes its First Code of Ethics, Journal of Professional Issues in Engineering Education and Practice, 2003, pp. 21 - 31.

③ Licensing Surveyors and Engineers Connected with the Utilization of Water in Wyoming, *Eng. News*, 57 (Mar. 28), 1907, p. 341.

④ A Report on the Licensing of Civil Engineers, *Eng. News*, 63, June 30, 1910, pp. 761 - 762.

就被其他的协会采取"①。随后他们制定了模范法律。与此同时，由纽约城市工程师一个秘密协会成立的"技术联盟"提出另一法案。1911 年两个主要的认证方案摆在州立法机关面前，但是两个议案都没有通过，纽约直到 1920 年也没有认证工程师。在纽约认证法案受到暂时阻挠的推动下，ASCE 成员号召不要再进行认证提议，他们开始考虑用一部伦理规范来进行控制。此后大力地推动了伦理规范工作，并在 1914 年颁布一部伦理规范，然而，ASCE 采用一部伦理规范并没有阻止认证法律的扩散。这时认证问题已不再是一个纯粹的建议，或者仅仅是一种可能性，它在两个州已成为事实。在其后十年里，9 个甚至更多的州也制定了认证法律。② 直到 1950 年，所有的州法都按照 ASCE 模范法律的基本形式，采用了工程认证法律。工程师都需要注册，但许多工程师被免除了，比如政府和团体的工程师。一般来说，大部分州进行一些知识类型的考试，并且所有的州也都有一个撤销认证的机制。③

在工程职业化发展过程中，伦理规范制度和认证法律制度是同时推进的，两者关系紧密，相互推动。虽然发展之初，可能是一种制度作为另一种制度的替代的产物，但是在后期的发展过程中，以及对工程职业整体发展的作用中，两者作为工程职业硬性的法律要求和软性的道德指向，共同推动着工程职业向良性发展。伦理规范和认证法律制度的健全，从某种意义上说，标志着工程职业制度已经基本完备。工程职业制度的完备为职业内部的管理和对外职业协调的重要制度保障，也成为职业之间存在和区分的重要标准。

三　工程职业发展的调整：工程伦理学的产生与工程伦理规范的变革

从第二次世界大战后到 20 世纪 50 年代末，美国环境问题开始突出。1962 年卡逊夫人出版《寂静的春天》，初步揭示了污染对生态系统的影

---

① Bensel, J. A., [Presidential] Address at the 42d Annual Convention, Trans. ASCE, New York, 70, 1910, pp. 464 – 469.

② The Licensing of Engineers: Action of the American Society of Civil Engineers, 1911b, *Eng. News*, 65 (Jan. 26), pp. 115 – 117.

③ Constance, J. D., *How to Become a Professional Engineer: The Road to Registration*, 4th Ed., New York: McGraw – Hill, 1989.

响。这本书受到社会广泛认同，促使人们开始更多地关注环境问题，同时也普及了公众的环境保护意识，掀起了全美环境保护运动。20 世纪 70 年代中叶，工程被当作造成环境污染的一个原因而受到普遍抨击，一位美国工程师承认："因为科学家所进行的基础研究的最终结果是不容易预见的，所以他们可以请求不负责任。工程师则不然，工程项目的效果是高度清晰的。因为工程师多年来一直要求对技术成就接受全部荣耀。很自然，公众也会因新发现的技术过失而指责他们。"① 其实，在这一时期，不仅环境等问题受到普遍关注，其他问题如一系列工程事件也引起了民众的普遍反思。比如，作为工程设计问题而导致 DC - 10 空难事例、关注安全而进行关于旧金山电气火车（BART）的揭发事例，以及福特品脱（Ford Pinto）汽车低劣设计而造成致命伤亡的事件，1986 年 1 月"挑战者"号航天飞机失事等。另外，美国颁布系列法案，促使工程师重新面对这些新问题。比如，美国残疾人法（1990）和清洁水法（1972）对设计者和承包人提出新的强制性要求。② 这些问题都需要对技术进行更加深入的伦理关注，反思工程师和工程技术的生态责任和社会责任，从而推进了工程伦理学在美国的诞生。

为了回应工程技术带来的负面后果，以及社会公众对于工程师的普遍质疑，工程师开始广泛地关注工程技术所带来的伦理问题，以一些突出的工程类事件为案例进行伦理方面的研究。工程师和哲学家也开始合作并研究相关的伦理问题，逐渐推进研究工程技术风险和安全等问题、工程操作过程的伦理问题、工程技术后果的伦理问题、工程师的道德责任等，大大地促成了美国工程伦理学快速发展。这一时期产生了很多重要而流行的工程伦理研究成果和教材。这些成果也推动美国工程伦理研究和教学的发展。与此同时，美国工程技术认证委员会（ABET）在美国推进工程学位认证项目，逐渐把工程伦理教育内容作为认证的内容之一。ABET 提出"关于使用伦理基本条款的建议性的引导方针"，慢慢地开始强调在工程课程中工程伦理的重要性。在 1988 年，造成"挑战者"号失事的机械工

---

① ［美］卡尔·米切姆：《技术哲学概论》，殷登祥、曹南燕等译，天津科学技术出版社 1998 年版，第 90 页。

② Clay A. Forister, Ethics and Civil Engineering: Past, Present and Future, *Journal of Professional Issues in Engineering Education and Practice*, 2003, p. 129.

程师博斯乔利（Roger Boisjoly）给美国工程教育协会（the American Socie-ty for Engineering Education）做了报告，成为一个有影响力的观点真正地影响了 ABET EC 2000 标准的制定。世纪之交，美国工程认证委员会对工程认证标准进行了整体的大变革，为大学毕业生提供了一组新的 11 个认证标准（ABET EC 2000）。其中之一（标准 3f）明确地号召"对于职业和伦理责任的一个理解"，并且最起码有一个或两个其他的指标也可解释为伦理相关的。① 这促使工程伦理，最起码名义上成为工程教育的一个重要部分。在这套标准的影响和推动之下，美国许多理工类高校甚至有些综合性大学都逐步开设工程伦理课程，它们把伦理训练融入大学的认证要求中来。学生不仅要获知工程背后的基础理论，他们必须发展一种能力去认识伦理问题，也要提升分析技能去避免或解决在工作环境中遭遇的道德困境。

　　工程师从工程伦理角度反思工程技术的后果和影响，而工程师协会也调整和完善了工程伦理规范，工程伦理规范出现了两个重要的调整。一是大部分协会的工程伦理规范主要原则修改为"把公众安全、健康和福祉放到至高无上的地位"，充分认识到公众和社会责任的重要性。全国性工程师组织（美国国家工程师职业协会，National Society of Professional Engi-neers，NSPE）是一个由 5 万人组成的非政府组织（NGO），1981 年采用一个更短的"基本规则"，第一条是"把公众的安全、健康和福祉放到至高无上的地位。"美国电子电器工程师协会（Institute of Electrical andElec-tronics Engineers，IEEE）是今天世界上最大的职业工程的非政府组织，在 1990 年的修订版规范中，简化的 10 个原则中的第一原则指出会员在作出工程决策时他们有责任做出符合公众的安全、健康和福祉问题的决策。二是在伦理规范内容上增加环境伦理要求。比如，美国机械工程师协会在1998 年增加第 8 条款："工程师应该考虑他们职业责任时产生的环境影响。"在 2003 年加入第 9 条款："工程师应该在他们履行职业责任时考虑可持续发展。"IEEE 在 1990 年的简写版本中第一条原则中指出工程师不仅对于公众的健康、安全和福祉应该承担责任，而且还指出要揭示出危及

　　① Carl Mitcham，A Historico - ethical Perspective on Engineering Education: from Use and Con-venience to Policy Engagement，*Engineering Studies*，2009（1）：41 - 45.

环境和公众的相关要素。① 美国土木工程师协会，为了回应环境意识的普遍觉醒，以及土木工程师作为环境破坏肇事者的良心谴责，协会进行了许多方面的努力。在 1977 年修改了伦理规范，发表条款声明指出"工程师应该有义务改善环境以提高人类生活的质量"。② 这一时期主要是对于科学和工程的彻底反思，转变工程师个体的社会责任和生态责任，推进工程职业的认证内容和工程伦理规范的调整，以应对工程风险和环境问题对于工程师职业和工程师个体的新要求和新挑战。

四　工程职业的后工程时代：焦点工程与工程教育的改革

进入 21 世纪，工程职业发展的许多问题进一步累积和叠加，造成一些问题的严重恶化，比如环境问题、全球性文明冲突问题等；但工程职业也面临着一些新的机遇，如科学革命和技术革命，在互联网技术、生物技术等发展推动之下，工程技术应用的后果和影响进一步扩大，工程职业边界也在模糊。这些因素都促使工程职业在新时期需要对自身的发展和定位重新思考。2001 年末，美国国家工程教育协会（National Academy of Engineering，NAE）对 2020 年工程特征进行了展望。在 2004 年发布的《2020的工程师：新世纪工程展望》报告中，阐述了下一个十年的技术和社会变化，指出四个可能发生的情况即科学革命，生物技术革命和社会反馈，自然灾难，文明的全球冲突。③ 这些都是工程职业发展亟须解决的问题。另外，工程发展的边界逐渐模糊，工程进入一个膨胀的崩溃之中。MIT 大学生教育的前主席威廉姆斯（Rosalind Williams）深入研究了工程方面的自我矛盾，指出这是一个"膨胀的崩溃"的悖论。工程和工程师削弱了16 世纪以来人类赖以生活的生活方式。她指出"工程的结束并不意味着工程正在消失。像任何事情一样，工程活动是扩张的。但是，正在消失的是工程作为一个内在的而独立的职业。因为工程是与工业和其他社会组

---

① Emerson W. Pugh, Creating the IEEE Code of Ethics, History of Technical Societies, 2009 IEEE Conference on the date 5 - 7 Aug. 2009.

② P. Aarne Vesilind, Evolution of the American Society of Civil Engineers Code of Ethics, *Journal of Professional Issues in Engineering Education and Practice*, 1995 (1): 8 - 10.

③ National Academy of Engineering (NAE), *The Engineer of 2020: Visions of Engineering in the New Century*, Washington, D. C.: National Academies Press, 2004, p. 5.

织、物质世界、诸如功能作用等引导性原则密切结合在一起的。而存在的工程，由强权机构的权威授予的使命是控制非人类的自然。但是，现在这个世界已经变成了一个杂交的世界，这个世界在自治、非人类自然和人类生产过程之间再也没有一个明晰的界限。"[①] 21 世纪之后工程职业面临着巨大的发展困境和挑战，NAE 总结指出在美国工程师不像过去那样重要，职业正在逐步衰落。这些情况迫切需要工程职业深入分析这些挑战背后的理由并做出相应的调整和改变。这也预示着有必要一个改革的工程概念，也许最好称之为"后工程"。[②]

面对工程职业发展面临的环境和全球化所带来的挑战，以及自我发展的悖论，米切姆教授在总结 21 世纪科学革命和技术革命发展形势和工程师自身状态的基础上，深入分析指出工程师和工程职业自身存在的根本问题。[③] 第一，虽然工程师是最善于自我反思的职业者，并进行了一定的自我评估，但也反映出工程职业者不够自信和安全的状态。第二，工程呈现出一种不确定的社会角色。工程师和经济学都认为工程是进步的动力和国家竞争的必要工具。虽然工程推动了经济的快速增长，但是技术专家治国的理想的唤起指出工程也被不同的社会或文化利益控制着，而且从历史来看，工程师并不十分关注社会正义或人权问题。[④] 第三，工程职业并不拥有一个不受质疑的社会价值"善"。努力认识挑战也只有采用工程的方法去面对这些挑战，而不是去考虑工程时代也许正面临着结束的可能性——事实上，工程职业并不拥有不受质疑的社会价值，工程师应该可能成为被研究的案例。

面对这些问题，如何进行发展成为后工程时代工程职业发展的最大挑战？许多学者、研究机构和工程教育机构都进行了探索和推进。第一，焦点工程（focal engineering）促使实践工程师更多地关注公众责任，促进技术政策更加符合工程技术本身的特点。圣荷西州立大学（San Jose State University）电子工程教授 Gene Moriarty 指出"焦点工程是把知道'如何

①　Williams, Rosalind, *Retooling: A Historian Confronts Technological Change*, Cambridge: MIT Press, 2002, p. 31.

②　Carl Mitcham, A Historico – ethical Perspective on Engineering Education: from Use and Convenience to Policy Engagement, *Engineering Studies*, 2009（1）: 49.

③　Ibid., p. 48.

④　Riley, Donna, *Engineering and Social Justice*, San Rafael, CA: Morgan and Claypool, 2008.

做'的前现代工程和知道'是什么'的现代工程融入一种探求'为什么'的态度之中……焦点工程着重关注于实践工程师的公众责任，焦点工程师在制定技术进步的政策过程中扮演着一个积极的角色"。① 但是，在实践中由于工程师在工程活动中的角色决定其对政策作用有限，焦点工程师并没有对政策制定做出像他们努力那样的贡献。第二，美国工程教育协会在总结报告基础上，对于工程师的未来发展进行了规划，并对未来工程师提出了目标要求。在 2004 年发布第一个报告《2020 的工程师》基础上，2005 年发布第二个报告《2020 的工程师教育：新世纪的工程教育》②。特别提出为了应对科学革命、技术革命，以及自然灾难和全球冲突带来的挑战，工程师自身应该受到更广泛的教育，把工程师培养成为全球性的公民，成为商业和公共事务的领导者、成为有伦理道德的人。同时，应该提升他们的分析能力、创造力、独创性、职业水平和领导力。③ 第三，在工程教育目标的基础上，积极推进工程教育改革。美国工程协会主席瓦夫（William Wulf）说："工程是全球性的，工程只有在整个世界和行业的背景下才能进行。"④ 在现代科学技术走在高度分化和高度综合的两大激流里面，学科间的交叉、融合与相互渗透已经势不可当。其实，从 20 世纪 90 年代末开始，美国创立了工程教育（CDIO）理念，确立了现代工程教育模式。另外，工程类学校创造新的工程学位项目以吸引新的层面的学生对一个不太有活力的工程项目更加感兴趣，并且工程师必须被教育以理解和欣赏历史、哲学、文化和艺术等。

五　几点结论

美国工程职业发展经过 160 多年的职业化进程，工程职业组织在不断的碰撞和斗争之中，新组织产生，旧组织消亡；工程职业伦理规范也在随

---

① Moriarty, Gene, *The Engineering Project: Its Nature, Ethics and Promise*, University Park, PA: Pennsylvania State University Press, 2008.

② National Academy of Engineering (NAE), *Educating the Engineer of 2020: Adapting Engineering Education to the New Century*, Washington, D. C.: National Academies Press, 2005.

③ National Academy of Engineering (NAE), *The Engineer of 2020: Visions of Engineering in the New Century*, Washington D. C.: National Academies Press, 2004, p. 5.

④ Wolfgang Eickhoff, *Engineering in China*, presented at Symposium on Multi - /Inter - Disciplinary Engineering Education, August 16 - 20, 2006.

着工程境遇的改变而逐渐地调整和完善；工程职业注册制度也是从无到有，现在已比较成熟；工程教育纵使面临着许多挑战，依然进行着各种各样的创新，以培养更符合时代要求、更具有职业目标要求的专业人才。总体来看，工程职业促进了美国工程技术的快速发展，为工程技术创新提供良好的制度保障，也为工程技术人员提供了良好的信息和发展平台。

第一，工程师协会成为工程职业发展的组织基础。美国工程师协会种类多样，按照专业划分，包括专业协会如土木、机械、电子工程师协会等；按照功能划分，包括美国顾问工程师协会等；按照区域划分，包括地方工程师协会和全国工程师协会等；按照组织类型分包括美国职业工程师协会等。大部分工程师协会发展始终围绕着一个核心议题即工程职业自治和商业利益平衡的问题展开争论。对于这一问题进行平等的交流对话、争论斗争，促进工程职业协会的产生、发展。而工程职业协会的独立、自治，成为工程职业交流对话、斗争和争论的组织基础。另外，工程师协会也在这种斗争争论中促进工程伦理规范和工程认证制度的建立，工程职业化也是在工程协会的相互竞争、斗争和统一发展过程中逐步发展。

第二，工程伦理规范成为工程师个体的理想和目标。美国工程师协会对于工程伦理规范的态度和认识也是一个转变的过程。从最初的集体性抵制，认为工程活动中出现的伦理问题是工程师个体的道德问题，工程师职业协会不应干涉；在 20 世纪初工程伦理规范的广泛制定，内容涵盖处理工程职业内部和工程师与雇主的关系问题，要忠诚于客户和工程师同事；20 世纪中叶大部分工程伦理规范调整为更多关注社会责任和公众福祉，把公众的安全、健康、福祉放到至高之上的地位。这些转变充分说明工程伦理规范都在根据工程职业面临的形势和工程职业自我发展需求也在调整伦理规范，但今天的工程伦理规范无疑已成为工程职业发展的共同理想，代表职业发展的公共善，成为工程职业自我存在的道德基础。虽然工程伦理规范在执行和操作中依然会面临着诸多困境，但是这些伦理规范也为工程师在工程活动中提供了原则和方针指导。

第三，工程职业认证法律成为工程职业发展的制度基础。美国工程注册和认证制度，最初在一些年轻工程师保障个体权利和物质利益的推动下，经过几个州立法的制定与推进，再到 ASCE 协会制定的模范法律，最后绝大部分州都颁布注册认证法律。这一过程反映了美国司法制度的独特性。每个州都有独立的司法权，而且相关的法律都要进行相应的听证，各个组织和个体可以对于这项法律提出不同的看法，争论、游说和游行成为工程师个体和工程师协会表达对于这项法律表达不同看法的常用渠道。当然其他法律的制定也是如此。关于工程认证和注册法律，最初工程师协会从组织角度是拒绝认证的，他们认为工程师协会组织可以保障工程师个体的优秀，并能够推进职业自治，反对政府等机构的干涉。当发现这已成为发展趋势或主流时，担心外行干涉或外行管理，ASCE 主要挑起了任务，制定了模范法律，最终工程注册认证制度在 20 世纪初基本确立。这也为美国工程职业的快速发展和工程职业化提供良好的制度支撑。当然，在美国有许多工程师没有获得认证，依然可以参加工程工作，但是工程认证制度无疑会为其获得更高的待遇和发展机会提供平台。

第四，工程教育为工程职业发展提供科学技术保障。美国工程教育开端于工程技术类学校的产生，到综合类大学工程类院系的设立，充分反映了工程职业发展过程中，工程技术人才的培训和学习成为工程技术发展的需要，工程也成为一种终身学习性的职业。在现代工程职业产生之初，工程师的学习基本上是师傅带徒弟或自我学习的结果，但是在 19 世纪下半叶之后，美国的工程师基本上都是经过正规院校毕业的毕业生，20 世纪初各大工程师协会成员构成充分说明这一现象。工程院校为美国工程技术人才的培养和发展提供了良好的基础。这些院校经过一百多年的发展，依然保留着优良传统和工程职业操作套路，但是会根据工程职业发展需求也在进行着工程教育的探索和改革。随着科学技术的高度融合和分离，工程教育逐渐走向大工程时代的教育，工程教育的内容和项目如 CDIO 等也在逐渐深入和广泛，大大推动了美国工程教育发展。另外，ABET 对于工程伦理教育的重视和工程认证制度的推广，促进美国工程职业教育逐渐稳定发展。

从美国工程职业一百多年的发展历程中看出，工程师协会、工程伦理规范、工程注册制度和工程教育以及它们之间的互动关系成为推动美国工程职业快速发展的核心要素。当前，我国工程职业化发展正处于关键时期，面临着新挑战和国际化竞争，我国工程职业化进程的推进，需要吸收美国工程职业发展的经验，大力培育和发展独立自治的工程师协会组织，制定和完善适合工程专业的工程伦理规范，颁布工程注册和认证法律建设，推动国际接轨的工程教育改革，以共同推动我国工程职业良性发展。

第五节 我国工程职业发展的问题与建制
——基于"工程师认知调查"的数据分析*

工程职业的形成是近代以来的事情,工程职业化发展也成为工程技术创新重要的职业制度基础和保障。纵观美国的工程职业发展历程,具有自治性的工程职业协会、完善的工程伦理规范、健全的工程职业制度和技术标准以及工程伦理教育的普及成为工程职业快速发展的核心要素和工程师工程技术创新能力提升的制度保障,因而,我们在借鉴美国的工程职业发展经验基础上,全面调研我国工程师对工程职业的认知、理解状况与问题,并提出工程职业发展的建议和对策。美国著名工程伦理学家迈克尔·戴维斯(Michael Davis)在2009年对职业的定义进行澄清,提出衡量中国是否形成"工程职业"的多个指标,并且强调"职业"的概念不应该是人们对"职业者"观察的结果,而应该是与工作人士讨论的结果,即工程师把自己描述为职业的一员。[1][2] 我们也将采用问卷调查等实证研究方式并进行定量分析,获得我国工程师职业现状和发展的第一手资料,结合戴维斯教授对于职业和工程职业概念化的定义以及本次调查研究的数据分析结果,判断我国是否已经形成了现代意义上的"工程职业",真实地反思我国工程技术创新背后的职业制度因素和深层次认识根源。

一 职业和工程职业制度

在我国,"职业"和"工作"常常被混用,社会上普遍认为我们所从事的工作就是我们的职业。从词性上来说,"工作"有动词和名词两种意义,作为动词用来表示操作、行动等意思,作为名词可以用来表示业务、任务等意思。在《汉语大词典》(第八卷)中,"职业"包含如下5种解释:①官事和士农工商四民之常业;②职分应作之事;③犹职务,职掌;

---

* 本文原载《高等工程教育研究》2017 年第 6 期。

① Davis, M., Is Engineering a Profession Everywhere? *Philosophia*, 2009 (37): 211 – 225.

② [美]迈克尔·戴维斯:《以职业为棱镜审视技术》,张恒力译,《自然辩证法通讯》2016 年第 4 期。

④犹事业；⑤今指个人服务社会并作为主要生活来源的工作。"职业"在获得收入报酬的基本保障上更加规范化与具体化，更具有团体性和组织性。戴维斯经过多年的实践与应用，提出了"职业"定义是"许多从事相同工作的个体为了生计而自愿地组织起来，并以超越法律、市场、道德以及公众所要求的道德允许的方式，公开信奉一个道德理想。"[①] 他认为"职业"在维持基本生计和遵守国家法律、社会道德的基础上，更要有一个职业共同体共同遵守的原则或道德理想，这种原则应该是比国家法律所约束的内容更加细致和专业。而"工程职业"是指工程领域职业化的概念，即工程领域内的工作行为是否已经可以被称为一种完全意义上的"职业"，工程师是否已成为一种职业。通过卡尔·米切姆（Carl Mitcham）[②]、戴维斯、周玲[③]等对于"职业"的界定和工程职业发展经验来看，"工程职业"主要包含四个核心要素：可以维持工程师的基本生计；具有自治性的工程类协会或社团；具有完善健全的工程师注册制度及其他行业技术标准；具有高于法律底线和社会道德约束的工程伦理规范。工程领域最终的道德理想应该是改善人类生存的物质条件，使人类能够过上更好的生活，如果没有达到这种改善，就无法说我们已经形成了现代意义上的"工程职业"。

三　我国工程职业的认知状况调查

为了更加全面了解我国工程师的职业认知情况，笔者于 2016 年 2 月至 4 月对我国不同省份的工程师进行了多阶段抽样调查，对共计 107 名工程领域的工程师进行了问卷调查，问卷内容包含调查对象的基本情况、职业了解程度、职业认知情况等。旨在通过问卷调查的方式，运用社会学实证研究的专业方法，了解工程师群体对于本职业的理解和认知情况，总体判断我国是否已经形成了现代意义上的"工程职业"概念。本次调查对象的工作种类涵盖土木工程、机械工程、电子工程、水利工程、化学工程等领域。本次调查以定量研究为主，采用 SPSS 19.0 数据统计软件对于获

---

① ［美］迈克尔·戴维斯：《中国工程职业何以可能》，载杜澄、李伯聪主编《工程研究—跨学科视野中的工程》，北京理工大学出版社 2007 年版。

② Carl Mitcham, A Historico - Ethical Perspective on Engineering Education: from Use and Convenience to Policy Engagement, *Engineering Studies*, 2009（1）: 35 - 53.

③ 周玲等：《上海高校学生工程素养调查报告》，《高等工程教育研究》2016 年第 5 期。

取的调查问卷进行数据分析，分析过程中主要使用单变量描述性分析、相关与多元线性回归分析等方法。

1. 调查对象的基本情况

本次参与调查的工程师主要以中青年的工程师为主，在调查对象的性别分布上，基本符合我们对于工程师群体的设想，即男性工程师绝对多于女性工程师，男女比例约为3∶1。工程师职业更多的要运用理性思维，更直接地参与到工程的建设、开发过程中，工作性质较为辛苦，而当代社会赋予男性的角色定位更符合工程师这个职业，因此在现实情况中我们也能看到男性工程师要绝对多于女性工程师。在本次调查中，工程师的文化程度分布如下：专科及以下有29人，占总人数的27.1%；本科有56人，占总人数的52.3%；硕士有18人，占总人数的16.8%；博士有4人，占总人数的3.7%。在107位调查对象中，工程类专业毕业的工程师共有71人，占总人数的66.4%；非工程类专业毕业的工程师共有36人，占总人数的33.6%。

在107位调查对象之中，从事工程领域职业的工作年限在2年以下的有17人，占总数的15.9%；工作年限在2—5年的有30人，占总数的28%；工作年限在5—10年的有27人，占总数的25.2%；工作在10年以上的有33人，占总数的30.8%。由此可见，参与本次调查的人员工作经历较丰富，在本职工作岗位上的工作年限较长，本次调查的数据参考性较强。本次调查对象中没有工程师专业技术职称的人员有43人，占总数的40.2%；获得助理工程师职称的有19人，占总数的17.8%；获得工程师职称的有34人，占总数的31.8%；获得高级工程师职称的有11人，占总数的10.3%。工程师职称的分布以无职称或初级职称为主，具有高级职称的工程师数量较少，这与工程类企业的性质、本人学历、工作年限等有很大的关系。

在工作种类的分布上，有28人工作的行业是土木工程，占总数的26.2%；有17人工作的行业是机械工程，占总数的15.9%；有20人工作的行业是电子工程，占总数的18.7%；有2人工作的行业是水利工程，占总数的1.9%；有4人工作的行业是化学工程，占总数的3.7%；还有36人工作的行业不属于以上任何一个种类，占总数的33.6%。

工作收入是任何一个职业社会价值的反映指标之一，也是影响大家进行职业选择的重要因素。本次调查中，平均税前月薪在5000元以下的有

30 人，占总数的 28.0%；平均税前月薪在 5000—10000 元的有 61 人，占总数的 57.0%；平均税前月薪在 10000—15000 元的有 12 人，占总数的 11.2%；平均税前月薪在 15000—20000 元的有 3 人，占总数的 2.8%；平均税前月薪在 25000 元以上有 1 人，占总数的 0.9%。工程师的工资收入水平与所在地区的发展状况、行业分布等因素有很大的关系，工程师的收入水平处于社会中高等级。在 107 位调查对象中，对于自己工作收入状况十分满意的有 2 人，占总数的 1.9%；满意的有 9 人，占总数的 8.4%；一般满意的有 44 人，占总数的 41.1%；不满意的有 52 人，占总数的 48.6%。通过统计可以看出，近 90% 的工程师认为自己的工作收入并不理想。

下面将具有工程教育专业背景的 71 个调查对象的本人学历和工程专业技术职称等级两个变量进行线性相关分析，如表 4—1 所示。

表 4—1   文化程度与工程师专业技术职称的线性相关分析

		文化程度	专业技术职称
您的文化程度是	Pearson Correlation	1	0.433 **
	Sig. （2 - tailed）		0.000
	Sum of Squares and Cross - products	39.775	24.014
	Covariance	0.568	0.343
	N	71	71
您是否具有工程师专业技术职称	Pearson Correlation	0.433 **	1
	Sig. （2 - tailed）	0.000	
	Sum of Squares and Cross - products	24.014	77.437
	Covariance	0.343	1.106
	N	71	71

** Correlation is significant at the 0.01 level (2 - tailed).

Pearson Correlation 是皮尔逊相关系数，在"文化程度"与"工程师专业技术职称"下面对应的数据是 0.433，这是"文化程度"与"工程师专业技术职称"的皮尔逊相关系数。Sig.（2 - tailed）是双尾检验的显著性水平，可以看出相关系数 0.433 的显著性水平为 0.000，表明总体中两个变量的相关关系是非常显著的。从输出的情况来看，"文化程度"和"工程师专业技术职称"这两个变量呈正相关，相关系数为 0.433，在总体中这个相关系数在 0.01 的水平上是显著的。结论可以归纳为：文化程度越高，工程师专业技术职称也越高。

2. 工程师的职业认知情况

在所调查的 107 位研究对象中，有 65 人认为自己是一名"工程师"，占总数的 60.7%；有 42 人认为自己还不足够被称为是"工程师"，占总人数的 39.3%。认为工程师属于社会底层劳动者的人有 12 人，占总数的 11.2%；认为工程师属于中下层劳动者有 55 人，占总数的 51.4%；认为工程师处于社会中层的人有 33 人，占总数的 30.8%；认为工程师属于中上层的人有 7 人，占总数的 6.5%；没有人认为工程师是属于社会上层人士的。根据调查对象的问卷反馈，5 人认为社会对于工程师这个职业并不认同，占总数的 4.7%；65 人认为社会对于工程师一般认同，占总数的 60.7%；31 人认为社会对于工程师这个职业认同，占总数的 29.0%；6 人认为社会对于工程师十分认同，占总数的 5.6%。由统计结果可见，工程师的自我认同度并不高，自我理解的社会认同度也不高，工程师整体的职业满意度较低。

图 4—1 是工程师对于生态环境污染与工程技术发展和工程师自身职业道德关系判定的描述性统计图，其中有约 95.3% 的人认为生态环境污染等问题与工程技术的发展有关系，86.9% 的人认为生态环境污染与工程师的职业道德有关系，只有少数工程师认为生态环境的破坏与工程技术发展和工程师的职业道德完全没有关系。有 1 人认为工程技术的发展不需要考虑环境等因素，占总数的 0.9%；有 13 人认为工程技术的发展一般需要考虑环境等因素，占总数的 12.1%；有 63 人认为工程技术的发展需要考虑环境等因素，占总数的 58.9%；有 30 人认为工程技术的发展十分需要考虑环境等因素，占总数的 28.0%。从统计结果来看，绝大多数工程师都能够认识到自身的职业道德与工程技术的发展对生态环境带来的影响，可以正视技术发展与生态环境之间的矛盾问题，仅有个别工程师还需要加强自身的职业道德培养。

通过对工程师是否热爱本职业的态度调查显示，在 107 位工程师中，十分热爱本职业的有 9 人，占总数的 8.4%；热爱本职业的有 43 人，占总数的 40.2%；一般热爱本职业的人有 48 人，占总数的 44.9%；不热爱

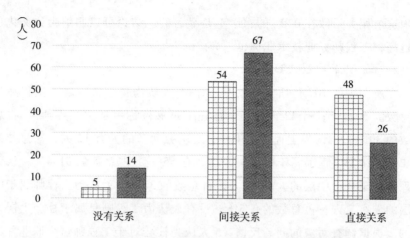

图4—1　环境污染与工程技术发展和职业道德关系判定的描述性统计图

本职业的有 7 人，占总数的 6.5%。有 17 人对工程师的工作十分投入，占总数的 15.9%；有 64 人对工程师的工作投入，占总数的 59.8%；有 21 人对工程师的工作一般投入，占总数的 19.6%；有 5 人对工程师的工作不投入，占总数的 4.7%。认为自己每天工作状态轻松悠闲的有 2 人，占总数的 1.9%；认为自己每天工作状态正常的人有 61 人，占总数的 57%；认为自己每天工作状态较为辛苦的有 32 人，占总数的 29.9%；认为自己每天工作过度劳累的有 12 人，占总数的 11.2%。

　　图4—2 的内容是调查对象对于工程师注册认证制度及其他规章制度、工程师职业协会、工程师伦理章程或伦理规范的了解程度统计图，该图呈现了不同了解程度的频数与频率分布情况。可以看出，约27.1% 的人没有听说过工程师注册认证制度，54.2% 的人仅对工程师的相关制度了解一些；60.8% 的人不了解工程师职业协会；62.6% 的人对工程师伦理章程或规范从没有听说过。一线工程师对于相关制度和伦理规范的了解情况并不乐观，这样的现状并不利于工程师的职业化与专业化进程推进。

　　3. 工程师的自我认同情况
　　自我认同感是指人们对于自己的本质、信仰等方面较为完善的意识，也即个人的内部状态与外部环境相互适应的主观感受。在职业中的自我认同感主要表现在职业环境带给从业人员的内在感受，包括职业成就感、对发展空间的期待、自身对于工作的评价与职业环境对本

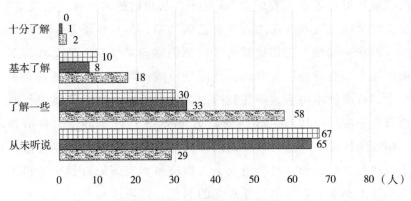

图4—2 对于工程师相关制度和规范的了解程度统计图

人工作评价的匹配程度、对自身工作是否具有自信和热情等。工程师的自我认同感主要来自其对职业环境的认知，职业中的自我认同情况直接影响工程师个体的主观能动性与应用创新能力，对于我国工程行业的发展有着十分重要的影响。因此，探寻工程师个体的内在因素对于我们的研究也至关重要。

在本次调查具有工程专业教育背景的 71 位调查对象中，47.62% 的工程师对职业发展前景和未来表达了不甚满意，认为职业发展空间狭小；接近一半的工程技术人员对职业发展不满意，对未来不充满信心。14.29%的调查对象表示对于职业空间态度一般，不是太了解，呈现无所谓的态度，这部分人比较麻木，处于得过且过的工作状态。在所有调查对象之中，有超过一半的人对工程职业的发展和未来表达了堪忧的状态。在所有的调查对象中，有 24.62% 的人认为自身的成就感来自于领导、同行、同事、客户或公司的评价和认可；61.54% 有的人认为成就感来自于技术突破、工程问题解决和过程优化，以及个人兴趣和爱好、个体能力提升等；而成就感不强，持无所谓的态度的人数为 5 人次，占比例为 7.69%。

四　我国工程职业发展的主要问题与对策建议

根据上文提到的工程职业必须至少要具备的 4 项条件来评价，我国已经初步形成了"工程职业"。然而，从我们的实证研究结果来看，多数工程师的工资收入无法达到自己的预期，虽然能够基本解决生存问题，但在一线城市工作生活的工程师仍然面对住房、子女教育等多方面的压力。在行业协会方面，我国最权威的科技工作者的群众组织便是中国科学技术协会，但在我国的时代背景下，社会团体的行政控制传统色彩浓厚，政府主导性的权力强势①②，行业协会的自治性较弱。在技术标准上，工程领域内的不同行业都有相应的技术标准，但迫于企业利益的驱使，一些情况下工程决策和实施的过程中不得不突破一些技术标准，以换取企业更大的利益，影响了自然和人文环境的可持续发展。同时，我国在工程师的相关制度上也有待完善，虽然对工程师的职业伦理道德进行了规范，但实际真正了解行业内伦理章程和规范的工程师并不多，有超过一半以上的工程师从未听说过伦理规范内所要求的内容。下面从四个方面指出我国工程职业发展存在的具体问题和相应的对策建议。

1. 推进工程职业教育，推动工程教育认证国际化发展，提升工程技术人员的技术创新能力

根据科技部发布的《2014 年我国科技人力资源发展状况分析》报告，截至 2014 年底，我国科技人力资源总量约为 8114 万人，其中符合"资格"定义的科技人力资源总量约为 7621 万人，R&D（研究与试验发展人员）人员总量达到 535.1 万人，国际上通常采用 R&D 活动的规模和强度指标反映一国的科技实力和核心竞争力。③ 根据该报告指出，虽然我国的 R&D 人员总量已经达到全国最高，而具有本科以上学历的 R&D 人员只占总人数的 45.7%，这与我们本次调查的

① 张恒力：《美国工程职业的历史嬗变》，《自然辩证法研究》2016 年第 4 期。
② 毛天虹：《我国工程"职业化"研究——基于宏观工程伦理视角》，《自然辩证法研究》2013 年第 1 期。
③ 《把科技人力资源开发放在科技创新最优先位置——解读〈中国科技人力资源发展研究报告（2014）〉》，《科协论坛》2016 年第 6 期。

结果相吻合。本次调查研究显示，工程师中具有工程类专业背景的工程师比例为 66.4%，对于工程技术这一领域的工作来说，专业能力要求极高，而是否取得专业学位或是否具备专业教育背景成为我们衡量工程师专业性的一个具体指标之一。这一比例的相对低下，与我国的高等教育模式、工程教育制度有关，也与用人单位的岗位需求、工作要求有关。从 2005 年起，我国开始建设工程教育认证体系，并逐步在工程专业开展认证工作。可喜的是，经过十余年的努力发展，我国于 2016 年 6 月 2 日在吉隆坡召开的国际工程联盟大会上，确定成为国际本科工程学位互认协议《华盛顿协议》的正式会员，这也标志着我国工程教育成果得到了世界范围内的广泛认可。[①] 但在理论教学和工程实践之间，还存在着明显的界限，高校和企业的沟通联系不强，工程类专业毕业生就业后还需要时间来适应和融入工程实践活动。因此，加强教育界与工业界的有效对接，加强高校和企业间的有效协同，推进工程教育认证国际化发展，推动 CDIO 项目，促使工程行业真正进入工程教育中人才培养和质量评价的诸多环节，切实将理论与实践联系起来，培养出高层次、高素质、能将理论熟练运用到工程实践活动中去的专业人才。

2. 注重工程师职业群体的培养和激励，营造良好的工作氛围和环境，提升工程师的自我认同度和职业归属感

在对调查对象的调研中，有 82.2% 的工程师认为工程师处于社会阶层中的中层和中下层；有 11.2% 的工程师认为工程师属于社会底层的职业；有 41.1% 的工程师认为自己每天的工作都属于过度劳累和较为辛苦的状态；更有 39.3% 的工程师认为自己不是一名工程师。普遍来看，工程师对工作的热情不高，对职业的归属感不强。作为工程师个人而言，是否考虑在本领域内长期工作下去，可以主要从几方面进行评估和判断：薪酬待遇、工作平台与发展前景、自我实现的成就感以及个人归属感等。奥地利精神分析学家弗洛伊德最早提出"认同"的概念，自我认同是个体从自身的经历中逐步发展、确认自己角色的过程。在我们的调查结果显

---

① 王以芳：中国科协代表我国正式加入《华盛顿协议》[EB/OL]. http://www.cast. org.cn/n17040442/n17135960/n17136021/17230736.html。

示，工程师的自我认同感低有普遍化的趋势，这样极不利于行业领域的良性、可持续发展。工程师的职业归属感还会来源于生存的压力，在一些一线城市，住房的压力、家庭的压力、子女教育的压力等均会影响工程师的自我认同感和职业归属感。因此，切实解决工程师群体的实际需求，满足高层次人才的发展需求，是提升工程师自我认同感、职业归属感的重要条件。在各行各业中，高强度和长时间重复性的工作环境，都会使员工出现不同程度的职业倦怠情况。而工程师群体的工作环境较为单一，自身职业认同感不高，对于工资收入和福利保障的期望与现实条件存在落差，极容易对本职工作失去兴趣，形成职业倦怠。目前在我国高校中已经开展了"卓越工程师教育培养计划"以及多项鼓励措施，但在工程职业内部和各类企业中却忽视了工程师群体再培养的过程和工作场所环境的改善，使得工程师的工作目标单一，动力不足。因此，各个工程师职业协会应该根据职业与行业特点推进职业技能与卓越工匠建设，各类企业根据企业长期发展需求设立相应的工程师技能提升计划和激励办法，改善工作场所的人文环境，大力推进工匠精神的塑造，不断提高工程师群体的主观能动性、自我认同感和职业认同感，为工程师群体创造一个良性竞争的工作环境。

3. 加强工程伦理教育，提升工程师职业道德素养和工程伦理规范的认知水平

在过去一段时间里，我国工程专业人才的培养过程中仍然存在"重结果，轻伦理"的问题，并且相当一部分企业过度重视工程进度、工程成本和结果，忽视工程伦理规范和职业道德，带来了环境污染和能源危机等问题。从统计分析来看，有约90%的工程师并不了解工程师职业协会、工程师伦理规范。工程师必须遵守工程伦理准则，在工程活动中持有很强的社会责任感以及正确的价值观、利益观和强烈的伦理道德意识，才能自觉担负起维护人类共同利益的伦理责任。从工程实践来看，工程师在进行工程决策、工程实施的过程中都存在着"义"与"利"的抉择、"经济价值"与"精神价值"的两难选择，甚至很多时候取舍还来自于上层领导的压力。作为工程师的自我要求，不仅要严格达到本行业的技术标准，更要用工程伦理规范严格要求自己，相关单位也要切实履行好社会责任，保障工程技术与自然环境相统一。同时，在工程职

业教育中加强工程伦理教育，将工程伦理课程纳入工程类专业的必修课程等，提高工程伦理课程的学时要求和学分所占比重，不断加大工程伦理规范和职业道德方面的宣传教育力度，使高校工程类专业的师生和企业内的工程师牢固树立其在伦理道德方面的自我约束意识和社会责任感。为顺应国际工程教育的改革潮流，促进工程师职业化发展，清华大学和全国工程专业学位研究生教育指导委员会在 2016 年 8 月举办"全国工程伦理教师高级研修班"，旨在大力推进全国工程伦理教育教学工作，提升全国工程伦理课程师资队伍教学水平，推动工程伦理教育成为工程职业教育的必要内容。①

4. 推动工程职业组织建设，完善工程领域的职业制度和技术标准，推动工程伦理规范的制定与完善

虽然工程专业和实践领域繁多，但是实行职业注册制度的工程专业只是其中一小部分。2001 年之前，我国已推行了 20 类执业资格制度。2001 年 1 月，人事部、建设部颁布了《勘察设计注册工程师制度总体框架及实施规划》（人发〔2001〕5 号），标志着我国注册工程师制度的启动。2002 年 4 月，人事部、建设部印发了关于注册土木工程师（岩土）执业资格制度的四个文件，正式启动了注册土木工程师（岩土）执业资格制度。截至目前，我国相继制定了工程领域不同行业的执业资格制度或注册制度，但工程师所应承担的伦理责任和社会义务远远大于其做好本职工作，因此工程师的责任和义务更应该成为注册工程师职业资格标准的一项重要内容②。据不完全统计，目前我国现行的注册工程师制度法规中，均涵盖了工程师的伦理道德和责任义务的条款，同样也有少数注册工程师条例中规定了工程师群体的法律责任。从各个专业的注册工程师职业资格标准来看，伦理规范和道德部分已经被列为重要内容，但其中的文字内容都还是一些原则性的条文，并没有提出如何开展对工程师道德方面监管的方法，这样极容易使规定中的内容变成一纸空文，达不到规范工程师群体的伦理要求，无法使工程师本身形成在伦理道德方面自我约束的意识。根据

---

① 王雅文：《争做学习者实践者传播者——首期〈工程伦理〉课程骨干教师师资高级研修项目顺利结业》，http：//www. meng. edu. cn/publish/gcss/index. html。
② 苏俊斌、曹南燕：《中国注册工程师制度和工程社团章程的伦理意识考察》，《华中科技大学学报》（社会科学版）2007 年第 4 期。

当前国际行业内的技术标准以及我国国情，重新修订我国工程类行业的技术标准，并且加强监督管理，强化企业的社会责任和工程师自身的道德约束；进一步推动工程管理制度改革，转变管理思路，在工程类协会等社会团体的管理上，变政府主导为政府协助，发挥行业和企业的主观能动性，加强自治理念，真正实现工程类协会的自治管理，切实解决我国工程专业协会或社会团体的权力地位与话语权问题①。在推动工程职业协会自治的基础上，促进职业协会制定和完善各个工程职业的伦理规范，使伦理规范具备更强的针对性、现实性和操作性，使工程伦理规范的职业道德标准与技术规范有机融合起来，成为工程师职业行为重要的内在依据和指南。

五　结论

综上所述，笔者认为现代意义上的"工程职业"不应该只用定义中的核心要素去衡量，而应该通过实证调查这些要素的实际运行情况以及工程师群体自身的反馈，再来审视我国是否已经形成了现代意义上的"工程职业"。综合考量本书所呈现的实证研究结果，笔者认为我国已经具备了工程职业化的核心要素，但在运行过程中工程职业制度依然存在诸多缺陷与问题，因此我国尚未形成现代意义上的"工程职业"，我们在工程"职业化"的进程上还有很长的道路要走。

---

① 肖平、铁怀江：《工程职业自治与工程伦理规范本土化思考》，《西南民族大学学报》（人文社会科学版）2013 年第 9 期。

参考文献

中文参考文献

[1]［荷］安珂·范·霍若普:《安全与可持续:工程设计中的伦理问题》,赵迎欢、宋吉鑫译,科学出版社2013年版。

[2]［美］查尔斯·E.哈里斯、迈克尔·S.普里查德、迈克尔·J.雷宾斯:《工程伦理——概念和案例》,丛杭青、沈琪等译,北京理工大学出版社2006年版。

[3] 陈万求:《工程技术伦理研究》,社会科学文献出版社2012年版。

[4] 程新宇、程乐民:《工程伦理中的职业社团与伦理章程建设研究》,《昆明理工大学学报》(社会科学版)2013年第6期,第6—12页。

[5] 丛杭青:《工程伦理学的现状和展望》,《华中科技大学学报》(社会科学版)2006年第4期,第76—81页。

[6] 丛杭青、潘磊:《工程中利益冲突问题研究》,《伦理学研究》2006年第6期,第42—46页。

[7] 程东峰:《责任伦理导论》,人民出版社2010年版。

[8]［美］丹尼尔·L.巴布科克、露西·C.莫尔斯:《工程技术管理学》,金永红、奚玉芹译,中国人民大学出版社2005年版。

[9] 房正:《中国工程师学会研究(1912—1950)》,复旦大学,2011年。

[10] 何放勋:《工程师伦理责任教育研究》,中国社会科学出版社2010年版。

[11] 龙翔:《论工程师的环境伦理责任》,东北大学,2007年。

[12]［法］吉尔·利波维茨基:《责任的落寂》,倪复生、方仁杰译,

中国人民大学出版社 2007 年版。

　　[13] 姜华:《工程使用中的伦理问题研究》,大连理工大学,2009 年。

　　[14] 李伯聪:《绝对命令伦理学和协调伦理学——四谈工程伦理学》,《伦理学研究》2008 年第 5 期,第 42—48 页。

　　[15] 李伯聪:《工程共同体研究和工程社会学的开拓——"工程共同体"研究之三》,《自然辩证法通讯》2008 年第 1 期,第 63—68 页。

　　[16] 李伯聪:《工程与伦理的互渗与对话——再谈关于工程伦理学的若干问题》,《华中科技大学学报》(社会科学版)2006 年第 4 期,第 71—75 页。

　　[17] 李伯聪:《关于工程伦理学的对象和范围的几个问题——三谈关于工程伦理学的若干问题》,《伦理学研究》2006 年第 6 期,第 24—30 页。

　　[18] 李伯聪:《工程伦理学的若干理论问题——兼论为"实践伦理学"正名》,《哲学研究》2006 年第 4 期,第 95—100 页。

　　[19] 李伯聪:《关于工程师的几个问题——"工程共同体"研究之二》,《自然辩证法通讯》2006 年第 2 期,第 46—51 页。

　　[20] 李荣军:《工程设计视角的工程伦理问题探析》,武汉科技大学,2013 年。

　　[21] 李霞:《安全文化视角下的工程伦理研究》,山西财经大学,2011 年。

　　[22] 刘喆:《关于中国近代科学社团发展轨迹的历史考察》,哈尔滨师范大学,2010 年,第 11 页。

　　[23] 孟洁:《技术风险的伦理评估与对策研究》,大连理工大学,2008 年。

　　[24] 茅以升:《中国工程师学会简史》,中国人民政治协商会议全国委员会文史资料研究委员会编,《文史资料选辑》(第 100 辑),中国文史出版社 1987 年版,第 431 页。

　　[25] 毛天虹:《我国工程"职业化"研究——基于宏观工程伦理视角》,《自然辩证法研究》2013 年第 1 期,第 49—54 页。

　　[26] [美] 迈克·W. 马丁:《美国的工程伦理学》,张恒力译,《自

然辩证法通讯》2007年第3期，第106—109页。

[27]［美］迈克尔·戴维斯（Michael Davis）：《以职业为棱镜审视技术》，张恒力译，《自然辩证法通讯》2016年第4期，第1—9页。

[28]潘磊：《工程伦理章程的性质与作用》，《自然辩证法研究》2007年第7期，第40—43、59页。

[29]潘磊：《工程职业中的利益冲突问题研究》，浙江大学，2007年。

[30]齐艳霞：《工程决策的伦理规约》，人民邮电出版社2014年版。

[31]阮奔奔：《工程职业自治研究》，浙江大学，2009年。

[32]苏俊斌、曹南燕：《中国注册工程师制度和工程社团章程的伦理意识考察》，《华中科技大学学报》（社会科学版）2007年第4期，第95—100页。

[33]苏俊斌、曹南燕：《中国工程师伦理意识的变迁——关于〈中国工程师信条〉1933—1996年修订的技术与社会考察》，《自然辩证法通讯》2008年第6期，第14—19、110页。

[34]唐丽、陈凡：《工程伦理决策策略分析》，《中国科技论坛》2006年第6期，第95—98页。

[35]唐丽、陈凡：《美国工程伦理学：一种社会学分析》，《东北大学学报》（社会科学版）2008年第1期，第11—16页。

[36]王前、朱勤：《工程伦理的实践有效性研究》，科学出版社2015年版。

[37]王前、朱勤：《STS视角的技术风险成因与预防对策》，《自然辩证法研究》2010年第1期，第46—51页。

[38]王前、朱勤、李艺芸：《纳米技术风险管理的哲学思考》，《科学通报》2011年第2期，第135—141页。

[39]王国豫、李磊：《工程可行性研究的公众可接受性向度》，《自然辩证法通讯》2016年第3期，第92—98页。

[40]王国豫：《德国工程技术伦理的建制》，《工程研究》2010年第2期，第168—175页。

[41]王晓梅、丛杭青：《道德自律的形成机制》，《伦理学研究》2016年第2期，第12—16页。

[42]王健：《现代技术伦理规约的困境及其消解》，《华中科技大学

学报》（社会科学版）2006 年第 4 期，第 82—87 页。

　　［43］王健：《工程活动中的伦理责任及其实现机制》，《道德与文明》2011 年第 2 期，第 101—105 页。

　　［44］王青青：《工程风险及其伦理控制》，重庆大学，2009 年。

　　［45］万仁元、方庆秋：《中华民国史史料长编》第 62 册，南京大学出版社 1993 年版，第 108—120 页。

　　［46］肖平主编：《工程伦理导论》，北京大学出版社 2009 年版。

　　［47］肖平、铁怀江：《工程职业自治与工程伦理规范本土化思考》，《西南民族大学学报》（人文社会科学版）2013 年第 9 期，第 71—75 页。

　　［48］许凯：《工程设计的伦理审视》，西南交通大学，2007 年。

　　［49］闫坤如：《工程风险感知及其伦理启示探析》，《东北大学学报》（社会科学版）2016 年第 1 期，第 1—5 页。

　　［50］闫坤如：《技术风险感知视角下的风险决策》，《科学技术哲学研究》2016 年第 1 期，第 73—78 页。

　　［51］尹建平：《南水北调工程的伦理风险与规避机制研究》，河南师范大学，2012 年，第 16—20 页。

　　［52］尹紫薇：《工程伦理视角下的工程风险问题研究》，武汉理工大学，2013 年。

　　［53］朱葆伟：《工程活动的伦理责任》，《伦理学研究》2006 年第 6 期，第 36—41 页。

　　［54］朱葆伟：《高技术的发展与社会公正》，《天津社会科学》2007 年第 1 期，第 35—39 页。

　　［55］朱葆伟：《工程活动的伦理问题》，《哲学动态》2006 年第 9 期，第 37—45 页。

　　［56］朱勤、王前：《欧美工程风险伦理评价研究述评》，《哲学动态》2010 年第 9 期，第 41—47 页。

　　［57］朱勤、王前：《社会技术系统论视角下的工程伦理学研究》，《道德与文明》2010 年第 6 期，第 119—124 页。

　　［58］张恒力：《工程师伦理问题研究》，中国社会科学出版社 2013 年版。

　　［59］张恒力：《工程伦理读本》，中国社会科学出版社 2013 年版。

［60］张恒力：《美国工程职业的历史嬗变》，《自然辩证法研究》2016 年第 4 期，第 48—53 页。

［61］张恒力：《工程伦理学：跨学科研究的典范》，《科技管理研究》2016 年第 1 期，第 262—266 页。

［62］张恒力：《科技政策的工程伦理向度》，《科学与社会》2012 年第 2 期，第 116—126 页。

［63］张恒力、胡新和：《论工程设计的环境伦理进路》，《自然辩证法研究》2010 年第 2 期，第 51—55 页。

［64］张恒力：《工程伦理规范的标准与方法》，《自然辩证法通讯》2010 年第 2 期，第 21—25 页。

［65］张恒力、胡新和：《工程风险的伦理评价》，《科学技术哲学研究》2010 年第 2 期，第 99—103 页。

［66］张恒力、胡新和：《当代西方工程伦理研究的态势与特征》，《哲学动态》2009 年第 3 期，第 52—56 页。

［67］张恒力、钱伟量：《美国工程伦理教育的焦点问题与当代转向》，《高等工程教育研究》2010 年第 2 期，第 31—34 页。

［68］张恒力：《利益、风险与工程伦理》，《自然辩证法通讯》2009 年第 5 期，第 106—108 页。

［69］张恒力、胡新和：《工程伦理学的路径选择》，《自然辩证法研究》2007 年第 9 期，第 46—50 页。

［70］张恒力、胡新和：《福祉与责任——美国工程伦理学述评》，《哲学动态》2007 年第 8 期，第 58—62 页。

［71］张恒力、胡新和：《问题与建制——中国工程伦理学研究述评》，《技术哲学年鉴》，大连理工大学出版社 2008 年版。

［72］张纯成：《黄河三门峡大坝工程现实风险规避刍议》，《工程研究》2010 年第 2 期，第 146—156 页。

［73］张崇久：《我国建设工程招标投标中的伦理问题研究》，武汉大学，2006 年。

［74］张彦：《价值排序与伦理风险》，人民出版社 2011 年版。

［75］詹同济编译：《新编詹天佑书信选集》，华南理工大学出版社 2006 年版。

[76] 詹同济编著:《詹天佑——引进西学振兴中华之工学家》,珠海出版社 2007 年版。

[77] 詹天佑、詹同济:《詹天佑创业著述精选和创业哲学思想研究》,广东省地图出版社 1999 年版。

[78] 中国工程师学会编:《中国工程学会年会之纪要 (二)》,《申报》1932 年 8 月 28 日。

[79] 中国工程师学会编:《中国工程师学会二十一年度会务总报告》,《工程周刊》1933 年 9 月 2 日。

[80] 中国工程师学会编:《中国工程师信条》,《申报》1941 年 10 月 28 日。

[81] 中国工程师学会:《中国工程师学会迁台复会三十年会务纪要》,中国工程师学会档案室藏 1984 年版,第 2—3 页。

[82] 中国工程师学会 [J/OL]. http：//www. cie. org. tw/Important？cicc_ id = 3。

[83] 中华工程教育学会 [J/OL]. http：//www. ieet. org. tw/epaper/sesson10/index_ 03 - 01. html。

[84] 中国工程师学会国民 110 年发展策略白皮书 [J/OL]. http：//www. cie. org. tw/Home/Info_ class_ detail？cp_ id = 18。

[85] 中国工程院办公厅编:《中国工程院年鉴 2004》,高等教育出版社 2005 年版,第 309 页。

[86] 朱洲:《工程实践主体的伦理责任问题研究》,云南师范大学,2014 年。

[87] 章慧:《伦理视角下的工程失败问题》,《唐都学刊》2007 年第 4 期,第 36—39 页。

[88] 仲伟佳:《美国工程伦理的历史与启示》,浙江大学,2007 年。

英文参考文献

[1] Andrew G. Oldenquist and Edward E. Slowter, "Proposed：A Single Code of Ethics for All Engineers", *Professional Engineer*, 1979 (49)：8 - 11.

[2] Beck, U. , *Risk Socity*, Sage, London 1992.

[3] Baxter, V. , Fischer, S. & Sand, J. R. , Global Warming Implica-

tions of Replacing Ozone – Depleting Refrigerants, *ASHRAE Journal*, 1998 (40): 23 – 30.

[4] Carl Mitcham, A Historico – ethical Perspective on Engineering Education: from Use and Convenience to Policy Engagement, *Engineering Studies*, 2009 (1): 35 – 53.

[5] Carl Mitcham, Ethics is Not Enough: from Professionalism to the Political Philosophy of Engineering, Contemporary Ethical Issues in Engineering, *IGI Global*, 2015, pp. 8 – 80.

[6] Carl Mitcham, Encyclopedia of Science Technology and Ethics, Volume 4, *Thomson*, 2005.

[7] Caroline Whitbeck, *Ethics in Engineering Practice and Research*, Second edition, Cambridge University Press, 2011.

[8] Covello, V. T. and Merkhofer, M. W. , Risk Assessment Methods, Approaches for Assessing Health and Environmental Risks, Plenum, New York, 1993.

[9] Caroline Whitbeck, Ethics in Engineering Practice and Research, Cambridge: Cambridge University Press, 1998.

[10] Collingridge, D. , The Social Control of Technology, France Printer, London, 1980.

[11] Charles E. Harris, Jr. , Internationalizing Professional Codes in Engineering, *Science and Engineering Ethics*, 2004 (10): 503 – 505.

[12] Devon, R. , Toward a Social Ethics of Engineering: The Norms of Engagement, *Journal of Engineering Education*, 1999 (88) : 89.

[13] Edwin T. Layton, the Revolt of the Engineers: Social Responsibility and the American Engineering Profession, The Johns Hopkins University Press, 1986.

[14] Florman, S. C. , The Existing Pleasure of Engineering, New York: St. Martin's Press, 1976.

[15] Gambatese, J. A. , Behm, M. and Rajendran, S. , Design's Role in Construction Accident Causality and Prevention: Perspectives from an Expert Panel, *Safety Science*, 2008 (4): 675 – 691.

[16] Goldberg, S. , The Space Shuttle Tragedy and Engineering, *Jurimetrics Journal*, 1987 (27): 156.

[17] Hedy E. Sladovich, Engineering as a Social Enterprise, National Academy Press, 1991.

[18] Henry Petroski, To Engineer is Human: the Role of Failure in Successful Design, Vintage Books, 1992.

[19] Howard F. Didbury, Frontiers of the 21ˢᵗ Century: Prelude to the new Millennium, *World Future Society*, 1999.

[20] Harvey T. Dearden, Professional Engineering Practice: Reflections on the Role of the Professional Engineer, Harriet Parkinson Publishing, 2013.

[21] Ibo Van De Poel, Lamber Royakkers, Ethics, Technology and Engineering, Wiley – Blackwell, 2011.

[22] Johnson, B. B. , Ethical Issues in Risk Communication, Risk Analysis, 1999 (3): 335 – 348.

[23] John Weckert and James Moor, J. , The Precautionary Principle in Nanotechnology, Fritz Allhoff, Patrick Lin, etc. , Nanoethics: The Social and Ethical Implications of Nanotechnology, John Wiley & Sons, Hoboken, 2007, pp. 133 – 135.

[24] Junichi Murata From Challenger to Columbia: What Lessons can We Learn from the Report of the Columbia Accident Investigation Board for Engineering ethics?, *Technè*, 10: 1 Fall, 2007, 30 – 42.

[25] J. B. Reswick, Foreword to Morris Asimow; Introduction to design Englewood cliffs, NJ: Prentice – Hall, 1962, p. iii.

[26] John Rawls, Political Liberalism, New York: Columbia University Press, 1993.

[27] James H. Schaub, Karl Pavlovic, M. D. Morris, edited, Engineering Professionalism and Ethics, John Wiley & Sons, 1983.

[28] Kraakman R. etc. (eds.), The Anatomy Corporate Law: A Corporative and Functional Approach, New York: Oxford University Press, 2004.

[29] Kultgen, J. , Evaluating Codes of Professional Ethics, in Robinson, W. L. /Pritchard 1983, M. S. (eds.) Profits and Professions, Essays

in Business and Professional Ethics, Humana Press, New Jersey, 1983, 225 –
263.

[30] Mark Timmons, Conduct and Character, Wadsworth pub. Co. ,
1990.

[31] Mike W. Martin, Roland Schinzinger, Ethics in Engineering,
1996, Boston: McGraw – Hill.

[32] Martin, M. W. and Schinzinger, R. , Introduction to Engineering
Ethics, New York: McGraw – Hill, 2000.

[33] Mike W. Martin, Roland Schinzinger, Ethics in Engineering, Bos-
ton: McGraw – Hill, 2005.

[34] McLinden, M. O. & Didion, D. A. , Quest for Alternatives,
ASHRAE Journal 1987 (29): 32 – 34.

[35] MacCollum, D. V. , Constructing Safety Planning, John Wiley &
Sons, New York, 1995, p. 3.

[36] Morris Llewellyn Cooke, Ethics and the Engineering Profession,
The Ethics of the Professions and of Business, 1922, May, pp. 68 – 72.

[37] Mark S. Frankel, Professional Codes: Why, How and With What
Impact?, *Journal of Business Ethics*, 1989 (2): 109 – 115.

[38] Negligence, Risk and the Professional Debate Over Responsibility
for Design, http: //ethics. tamu. edu/ethics/essays/negligen. htm.

[39] Norman Daniels, Wild Reflective Equilibrium and Theory Accept-
ance in Ethics, *Journal of Philosophy*, 1979 (5):257 – 282.

[40] Patricia H. Werhane, Engineers and Management: The Challenge
of the Challenger Incident, *Journal of Business Ethics*, 1991 (10): 605.

[41] Poel, I. van de, Changing Technologies, A Comparative Study of
Eight Processes of Transformation of Technological Regimes, Twente University
Press, Enschede. Ph. D – thesis. 1998.

[42] Peter Meiksins, The "Revolt of the Engineers" Reconsidered,
Technology and Culture, 1988 (2): 219 – 246.

[43] P. Aarne Vesilind Alastair S. Gunn, Sustainable Development and
the ASCE Code of Ethics, Journal of Professional Issues in Engineering Educa-

tion and Practice, 1998 (124): 72 – 74.

[44] P. Aarne Vesilind, Evolution of the American Society of Civil Engineers Code of Ethics, Journal of Professional Issues in Engineering Education and Practice, 1995, NO. 1: 4 – 10.

[45] P. Aarne, Vesilind, Alastair S. Gunn, Hold Paramount: the Engineer's Responsibility to Society, Second edition, Cengage learning, 2011.

[46] P. Aarne, Vesilind, Alastair S. Gunn, Engineering, ethics and the environment, Cambridge University Press, 1998.

[47] Peter Lloyd and Jerry Busby, "Things That Went Well-No Serious-Injuries or Deaths": Ethical Reasoning in a Normal Engineering Design Process, Science and Engineering Ethics, 2003 (9): 503 – 516.

[48] Renn, O. , White Paper on Risk Governance—Towards an Integrative Approach, International Risk Governance Council, Geneva, 2005.

[49] Report 2003. Columbia Accident Investigation Board, Report Volume 1, August 2003, Washington D. C. : Government Printing Office, 2003.

[50] Rebecca J. Morton, Engineering Law, Design Liability and Professional Ethics: an Introduction for Engineers, Professional Publications, 1983.

[51] Rosa Lynn B. Pinkus, Larry J. Shuman, etc. , Engineering Ethics: Balancing Cost, Schedule and Risk – Lessons Learned from Space Shuttle, Cambridge University Press, 2003.

[52] S. AlZahir; L. Kombo. , Towards a Global Code of Ethics for Engineers, Ethics in Science, Technology and Engineering, 2014 IEEE International Symposium, pp. 1, 5, 23 – 24, May 2014.

[53] Stern, P. C. and Feinberg, H. V. , Understanding Risk: Informing in a Democratic Society, Washington D. C. : National Academy Press, 1996.

[54] Sandin, P. , Dimensions of the Precautionary Principle, Human and Ecological Risk Assessment, 1999 (5): 889 – 907.

[55] Schuler, D. and Namioka, A. (eds), Participatory Design: Principles and Practices, Lawrence Erlbaum, Hilsdale, N. J. 1993.

[56] Shoaib Qureshi, How Practical is a Code of Ethics for Software Engineers Interested in Quality?, Software Quality Journal, 2001 (9): 158.

［57］ Simone van der BurgAnke van Gorp, Understanding Moral Responsibility in the Design of Trailers, *Science and Engineering Ethics*, 2005 （11）: 245 – 246.

［58］ Stephen H. Unger, Controlling Technology: Ethics and the Responsible Engineer, Holt, RINEHART and Winston, 1982.

［59］ Unger, Stephen H. , "Ethics for Engineers: A Code and its Support," CSIT Newsletter, IEEE, Vol. 4, No. 13, p. 24、27, March 1976.

［60］ Vaughan Diane, The Challenger Launch Decision, Risky Technology, Culture and Deviance at NASA, Chicago: The University of Chicago Press, 1996.

［61］ Vivian Weil, Professional Standards: Can They Shape Practice in an International Context, *Science and Engineering Ethics*, 1998 （4）: 307 – 308.

后　记

　　这是一个工程时代，这是一个工程技术突飞猛进的时代！工程技术给我们带来了便捷而舒适的生活和生产方式，让我们享受到现代技术所带来的成功的喜悦。但这也是一个工程事故频发和风险共存的时代，因工程技术发展而引发的社会公正、健康和风险问题，公众隐私权、环境影响问题等更是屡见不鲜，如"温州动车组列车追尾事故""黄河三门峡大坝问题""2008 年中国奶制品污染事件""湖南凤凰县沱江大桥特大坍塌事故"等。为回应这个时代所面临的问题，工程时代呼唤伦理，伦理也需要研究这个时代的突出问题。工程与伦理两者的结合，成为时代的产物，也是时代的需要！工程伦理成为时代的领唱，成为呐喊之源，作为工程活动主体和工程职业化的工程师理应对这些问题进行关注和回应。同时在相应研究基础上而进行的工程伦理教育，也应成为对更多工程技术类学生进行道德教育和素质教育的基本内容。

　　从工程到伦理，工程需要且必须关注伦理。工程不仅是一种实践活动，更是一种社会职业，是以工程师为主体的职业技术活动。工程职业作为职业的一种，具有职业自身的特征与特性，也有自身的要求和理想。工程职业包括自身的技术要求和职业理想。技术要求，表现为追求技术卓越和精进，追求技术进步和发展，推进技术改革与改良等。但是，在要求技术素质的同时，也对于职业道德提出更高的要求，如职业道德理想、职业伦理规范和职业道德人物的评选等。工程职业伦理规范的道德原则"工程师必须把公众的安全、健康与福祉放到至高无上的地位"，则是工程师职业活动的一项基本原则要求。职业道德素养成为工程师职业发展的必要内容。工程师个体职业道德水平也成为工程师自我发展和职业发展的必要内容。作为实践活动的工程，作为多元工程主体共同参与的以技术应用和发展为核心内容的实践活动，工程实践活动具有复杂性、丰富性和潜在性等特点，涉及人与人、人与自然、人与社会等复杂的关系，既可能造福于人类而破坏自然，既可能造福自然而毁灭人类，既可能对人类和自然都进行大规模的破坏，人类和自然界都需要承受工程技术活动所带来的各种不确定性后果，而其中的降低风险，提升安全则成为工程活动过程中最为基本的道德要求旨向。但是，工程技术活动的后果和影响却不是依赖于我们的设计和预计为转移的，因而许多工程活动的极大的风险和危险则对人类自身和自然产生了不可低估的影响，我们也不可避免地承受着各种风险和危机。

　　从伦理角度审视工程问题或工程技术问题，则是伦理学必要而重要的研究视域，如果说伦理学或道德哲学没有把工程技术问题当作核心问题之一来进行研究和探索的话，那么今天这样一个工程技术时代，这样一个工程技术引发多种问题而造成人与人、人与自然、人与社会带来了许多新型的关系和更复杂的道德困境，从伦理角度重新审视和关注工程问题则成为时代性话题，或成为伦理学自身发展的内在性要求。伦理学的研究领域从人与人、人与社会的道德关系的审视和发展，到人与自然、人与动物、植物关系的环境伦理学、生态伦理学的开辟和拓展，则也是对工程技术活动的应有回应。如果说工程活动或工程职业没有关注到伦理问题、伦理现象，只能说是工程职业化水平较低，以及工程活动领域其他主体的反思和认识不够；如果说伦理学界或非工程技术类学者没有或漠视工程技术引起的问题以及工程技术发展带来的变化，则没有关注到今天科学、技术发展带来的显学问题，而这理应得到人文学者的重视和推进。两者的结合与交流才是工程问题合理性解决的主要路径。

　　因之，在这样一个工程技术发展而工程技术风险问题突出，同时道德困境和伦理问题凸显的时代。笔者从 2002 年开始关注和研究工程技术伦理，至今已有十六年有余。一般来说，做一个领域或专业，耕耘十年以上者应该对这个领域有一定的认识。就笔者而言，随着研究的深入和视野的拓展，发现即使超过十年研究其中，也不过是刚刚入门而已。所取得的成果也是对这个领域的点滴贡献，更多的可能是经验和教训，和对这个领域的引论或导论。正如本书的标题一样，仅仅是尝试提出工程伦理问题。诚然，工程伦理进入我国学者的视野乃至今天成为一门显学，成为诸多理工科老师较为关注和重视的一个领域，甚至成为许多理工类大学必修或选修课程的重要组成部分。这不得不感谢时代的进展和人们认识观念的转变，当然更应该感谢那些为工程伦理研究做出贡献的相关研究者以及工程伦理教育相关政策制度的制定者设计者。

从 2005 年起，笔者在做博士论文期间，一直在琢磨到底研究什么样的主题？工程伦理逐渐纳入视野，确定主题后本人翻译了大量的材料，包括到国家图书馆复印了所有的工程伦理相关书籍，经过与导师胡新和教授的多次讨论，特别是在胡老师的指导下，最终确定以工程师伦理问题为题，深入研究工程师伦理问题。在这个研究过程中，有一个矛盾一直困扰于心：工程师伦理问题的研究需要考虑工程师职业道德和个体道德的发展状况，即工程师自身的权利与义务、责任范围；但也同时要关注工程师所处的境域，许多工程伦理问题可能发生的原因根本不是工程师能力所及和责任所限，更是中国工程技术发展的时代性、社会性问题造成。这必然生发出过度研究工程师职业伦理，可能忽视了中国工程发生的境域和实践；过度研究中国工程境域和实践，而可能忽视了工程伦理之核心要义——工程师的职业责任和社会责任等。在这个权衡过程中，不管是文章逻辑架构还是实践反思，无疑这是一个无法逃避而又必须面对的核心问题与主题之一。

直到 2015—2016 年本人到伊利诺伊理工大学职业伦理研究中心与美国工程伦理专家迈克尔·戴维斯（Michael Davis）教授深度合作和交流之后，我才逐渐发现如果以职业为棱镜来探讨这一问题，可能在理论逻辑和实践操作方面更为可行。为此，戴维斯提出工程伦理研究的三个视野，即宏观工程伦理、微观工程伦理和中观工程伦理。通过中观工程伦理的视野——工程职业的框架范围来反思技术，乃至于技术主体的工程师自身的各种技术活动等，更利于深入探讨工程师伦理问题和工程技术相关的伦理问题等。为什么要以工程职业为棱镜来研究技术？这里一个重要的概念是职业。为什么要以职业特别是工程职业来审度技术和技术职业的工程师伦理问题呢？这就涉及对职业概念的理解。为何职业能够成为解读若干主题的依据或尺度？什么是职业？按照戴维斯的理解，"职业是指一些拥有相同工作的个体自主地组织起来，除了符合法律制度、市场规则、道德规范以及其他公众要求外，以一种合乎道德的方式，通过公开声明服务于一定的道德理想来获得生计的行为"。结合戴维斯对职业的界定，我认为就工程职业而言，其有四个方面的核心要素或关键指标：成熟健全的工程伦理规范；自治自主的工程职业组织；科学合理的工程认证注册制度；技术精进的工程技术能力。这四个要素成为衡量现代工程职业的标志性的要素，而且四个要素之间相互配合、相互影响，共同形成或推进工程职业化的发展。这也就意味着我国工程职业化发展进程中，制度性的设计必然要以这些要素为核心大力推进工程职业制度建设。

而为什么工程职业或职业能够成为重要的视野或视角来审视工程技术伦理问题呢？自近代以来，特别是工业化、市场化、资本化发展以来，社会分工日益明确或精确，各种技术类专业化的发展逐渐形成了各类以各种技术为核心的职业。如果说在农业社会农耕文明时代，是通过熟人血缘同行关系来维护正常的交易或交换行为；那么在工业社会工业文明时代，则是通过以信用信任为本的职业来推进大量的物质性交易活动，其中交易或交换行为根本上是职业之间的交易，彰显着职业自身特殊的物质价值和精神价值。这样随着市场经济机制的完善和成熟，乃至于世界市场的逐渐发展，世界性的分工与合作在今天成为可能和必要。因此，参与到世界市场竞争中，实质上是以科学技术为核心的职业之间的竞争，那么职业则也必然成为今天审视诸多与工程技术相关的伦理问题的重要视域。也就说通过职业来研究工程技术伦理问题，乃至于工程师职业化问题，则会带来不同的视野认知。当然，这些问题的理解和深入考察，主要是通过与戴维斯教授合作交流而深受启发。

2016 年回国后，我就着手研究工程职业相关的文献并进行了调研（先后访谈 10 所大学的工程伦理课程教师），对中国工程伦理规范（在美期间与戴维斯合作研究的重要主题之一）、美国工程伦理规范的发展历史以及美国工程职业的历史进路进行深入研究，形成的基本观点是工程伦理规范作为工程职业的道德理想和职业精神的核心价值，不管形式上的成文与非成文，必须得到工程师职业团体的真正理解和认可，成为工程师自我价值和职业价值的自信心和自豪感的精神来源。脱离或远离了工程师的尊重与认同，即使制定的符合国际标准和国内实践要求，也相当于镜中花水中月，变成了空中楼阁而流于形式。那么，工程伦理规范如何才能够成为工程师自身的道德理想和价值追求？这就要求在以后的工程伦理教育和工程实践过程中，不断地强化工程师对于工程职业的理解和认可，不仅仅要让工程师明确工程技术的超强能力，更要让工程师理解工程师职业整体的神圣职责和道德义务；不仅让他们从工程实践中找到自我个体的实践价值，更需要让他们从工程职业的发展历史中认同其职业道德价值的共同追求。那么我国工程师职业化的过程，本身就是工程技术能力精进、工程师职业责任和义务提升、工程职业组织和职业制度完善的过程。我们坚信，随着我国改革开放的力度进一步加大，国际化和全球化趋势加强，中国更加自觉自愿地融入世界市场过程中，也必然要大力推进工程职业的国际化、标准化，不久的将来，我们的工程技术能够跟进甚至超越世界先进水平，同时我们的工程技术人员在道德义务、职业责任和社会责任上更能赢得世界范围工程职业更为广泛的尊重、理解和认可。

每个个体的成长与发展离不开整体的环境和社会背景，更离不开他人的帮助和指导。当然，我们在感谢时代提供给我们的发展机遇的同时，更应该感谢那些曾经给予我们帮助和关怀的人们。首先感谢我的恩师胡新和教授。胡老师以哲学家睿智的眼光让我从事工程伦理研究，又在平时的研究中总以思辨者的严密逻辑拨雾见日让我从纷繁复杂的材料中看到柳暗花明，我与胡老师的深谈中总有醍醐灌顶之感。可惜可叹，胡老师业已去世五年，时至今日常常想起老师的过往瞬间，总是黯然神伤。前几日到万安公墓拜祭老师，没想到胡老师的恩师范岱年先生竟然在我们前一天也来看望了胡老师。师恩传承，恩师表率，也让我在以后的为师为学过程中以恩师为楷模榜样后学。这本书中收录了我与恩师、我与学生合作的多篇文章，也是以另一种方式纪念恩师、传播思想。本书作为对工程伦理十六年研究成果的一个总结，共收录已公开发表的 19 篇文章，其中两篇文章翻译 Mike Martin 教授的《美国的工程伦理学》和 Michael Davis 教授的《以职业为棱镜研究技术》。在此对他们的辛苦劳动和支持工程伦理国际合作表示感谢。

同时，也要感谢我在访美期间伊利诺伊理工大学职业伦理研究中心主任 Elisabeth Hildt 和 Kelly Laas 提供的细心而热情的帮助和指导，更要感谢 Michael Davis 教授提供的每两周一次深入交流和密切合作，让我这个外国人感受了做学问的执着和坚持，领略英文期刊论文的艰深，更明确国外同行评价的公平性、公开性等，学术学问是同行相互批判批评、相互质疑致敬的过程中把科学问题进一步凝练、提升。科学研究中的同行评价是另一种意义上的职业化的必要内容之一，也让科学家职业在这种批判质疑过程中找到归属感、共鸣感。在一定程度上，科学家与工程师职业都有作为职业的共同属性，但也存在较多差异，如前者追求科学的客观性，科学精神凝练其中；后者追求工程技术的有效性，工程精神映射其间。如果说前者更多的追求真理，是理想精神的彰显；那么后者追求的则是技术先进性、成本、期限等有效性的平衡，是工程精神的体现。当然，今天工程技术的突飞猛进更离不开基础科学的发展，或者说以基础科学为根基的工程技术才更有潜力和后劲，造成今天工程技术与科学的高度结合，成就了今天若干新兴学科并造就了许多新兴技术，如人工智能、转基因技术等。这些新兴技术融合了科学的创新性和技术的创造性，并在自然、人类等领域逐渐获得突破，也在相当范围和程度上也在挑战着道德底线，也在另一方面促进伦理学自身学科范式和方向的转变和调整，更在社会范围推动社会习俗、公共认知、道德观念的转变和调整，所以，伦理学中的相对主义和绝对主义成为一个重要的理论争论和实践问题。

还要感谢国内工程伦理同行和科技哲学等专业同行的大力鼓励和支持。感谢浙江大学丛杭青教授、盛晓明教授，大连理工大学王前教授，清华大学曹南燕教授、李正风教授、吴彤教授、吴国盛教授、雷毅教授、蒋劲松教授，中国社会科学院朱葆伟教授、肖显静教授，东北大学陈凡教授、田鹏颖教授、王健教授、文成伟教授，复旦大学张志林教授、王国豫教授、北京师范大学刘孝廷教授、董春雨教授，中国人民大学刘大椿教授、刘永谋教授、王伯鲁教授、刘晓力教授等，中央党校赵建军教授，北京化工大学张明国教授、崔伟奇教授，沈阳师范大学唐丽教授，湖南师范大学李伦教授、万丹教授，上海交通大学安维复教授、李侠教授，东南大学夏宝华教授，南京林业大学何菁教授，山东科技大学王耀东教授，美国科罗拉多矿业大学朱勤教授等。

再次感谢我的母校中国科学院大学的老师们一直以来的厚爱、支持和帮助，感谢中国科学院大学李伯聪教授、李醒民教授、胡志强教授、叶中华教授、尚智丛教授、王大明教授、王大洲教授、柯遵科教授、李斌教授、王楠教授等。每次去母校总是怀念那些曾经的美好岁月，宽松的学术环境、自由的学术氛围，芳华亦在，岁月不老。感谢工作单位北京工业大学各级领导和同事的支持和帮助，感谢蒋毅坚校长（现任北京石油化工学院校长）、吴斌副校长，感谢马克思主义学院李东松院长、丁云、高峰副院长，感谢研工部杨茹部长，感谢北工大工程伦理研究与教学团队。感谢责任编辑王莎莎认真细致的工作和辛劳。最后感谢我的研究生赵雅超、王昊、许沐轩、陈琪，在与学生们每周一次的讨论中我也收获甚多，教学相长，看到学生的成长与发展我也感到非常欣慰和高兴，因为他们让我们看到了希望和未来。

然而，当望着窗外重度雾霾，我的内心又不免紧张起来！

张恒力书于戊戌年三月
京东寒舍碧溪